How-nual Shuwasystem Industry Trend Guide Book

図解入門 業界研究

最新

エレクトロニクス業界の動向とカラクリがよ～くわかる本

業界人、就職、転職に役立つ情報満載

高橋 潤一郎 著

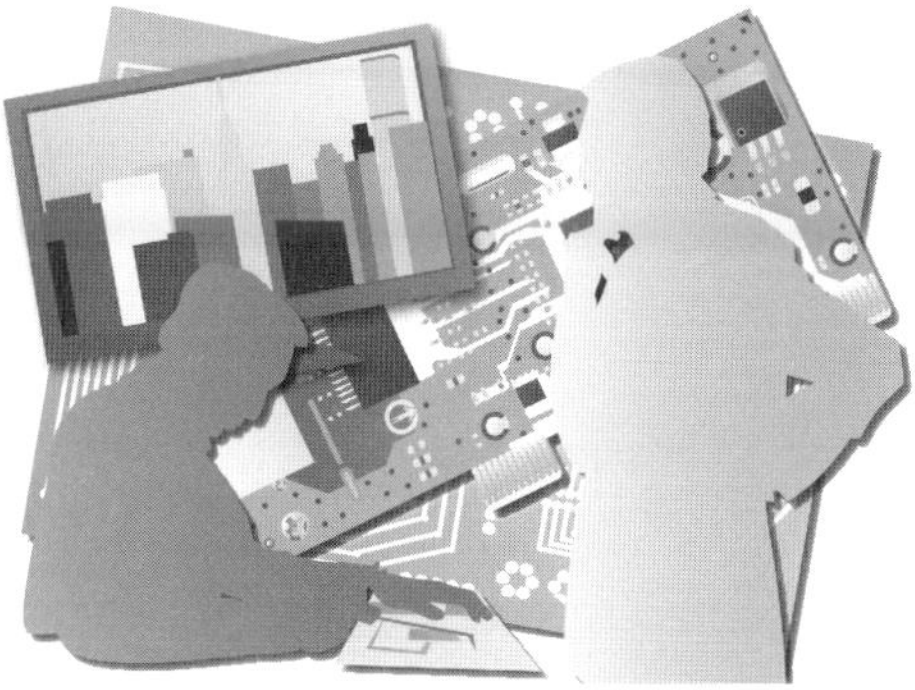

秀和システム

はじめに

ネット社会では、どんな知識でも簡単に得ることができます。確かに便利ですし、ピンポイントで知りたい知識も得られます。しかし、実はそのことに大きな落とし穴もあります。ネットから得られる知識はどうしても断片的なものになってしまいがちだからです。大きな全体像の中の断片だけを知って、知り得たとすることの危険性について、もう少し認知されるべきでしょう。断片的な情報を否定するつもりはありません。筆者が代表を務めるクリアリーフ総研でも、日々エレクトロニクス業界の細かな情報を提供しています。しかしそれは、読者が業界で仕事をしている人間だという前提のもとに成り立っています。

本書を手にとられた読者の皆さんの意図は様々でしょうが、何らかの動機で、エレクトロニクス業界の全体像をまずつかんでおきたいと思っておられるのなら、その考え方は間違っていないと思います。

例えば、一人の作家がいるとします。その人の一つの作品に大きく感銘を受けた場合、あなたは自然に次々とその人の作品を読んでいくでしょう。そして自分が好きになった作品が、その作者の創作活動のなかでどのような位置付けだったのかを知り、さらに理解が深まると思います。それは当然の成り行きです。いつでも「個」は「全体」の中の一部分だからです。その作家のほかの作品も知ることで、お気に入りの一作への共感もさらに深まるはずです。もう一度述べますが、ネットなどで得た断片的な知識だけで満足しないでください。どうか全体像を把握するよう意識してみてください。

本書は入門書として、エレクトロニクス業界のことをまだあまりよく知らない方を対象に、業界の全体像を把握していただく目的で書きました。知識が広がるように多くのエピソードも盛り込みました。

本書を契機に、読者の皆さんがエレクトロニクス業界への興味と理解を深めていくことを望んでやみません。

二〇二一年一月　高橋　潤一郎

How-nual 図解入門 業界研究

最新エレクトロニクス業界の動向とカラクリがよ～くわかる本 ●目次

第3章 変貌を遂げたエレクトロニクス製品市場

第6章 海外メーカーの動向と業界の課題

序　章

エレクトロニクス業界と社会

社会情勢の変化や震災などのリスク、技術革新などにより、エレクトロニクス業界は大きく変化しています。本章では、エレクトロニクス業界に影響を与える社会的リスクや、いまエレクトロニクス業界を知る意義について解説します。

1 コロナ禍、震災など社会的リスク

新型コロナウイルスの感染拡大は大きな経済停滞を生みました。しかし同時に、エレクトロニクス技術の重要性も再認識する結果となっています。

新型コロナウイルス

二〇二〇年、中国武漢で始まった新型コロナウイルスへの感染は、あっという間に世界中に拡大し、少なくともこの原稿を書いている段階ではまだ出口は見えていません。

皆さんがこの本を手にしているときには、すでに有効なワクチンが開発されて、ウイルスの蔓延《まんえん》が抑えられているかもしれません。そうであることを望みますが、たとえまだ渦中にあるにしても　いつかは人々はコロナ禍の混乱から脱することができるでしょう。

しかし新型コロナウイルスの感染拡大は、人々の価値観を大きく変え、人々の暮らしそのものを変え、エレクトロニクス業界にとっても大きな変革の要因となりました。改めてエレクトロニクス技術の重要性が認識されたといっても過言ではありません。エレクトロニクス技術はウィズコロナ、アフターコロナの社会において極めて重要な役割を担っています。

ビジネスで一気に広がったリモートワークはもちろんですが、機械の遠隔操作、触らないで物を動かす非接触システムの導入など、数え上げたらきりがありません。感染症治療のための医療機器についても、エレクトロニクス技術で進化を遂げています。

本書はそうしたエレクトロニクスの技術と業界について、ほぼ初めて接する人など初心者を対象に、細かいところまで理解できるように構成しました。また、製品や市場の単純な解説だけでなく、歴史的な位置付けについても言及しました。

繰り返されるリスク

コロナ禍だけではありません。リーマンショック、東日本大震災、さらに毎年のように起きる台風被害など、日本の社会は定期的に危機に見舞われています。

二〇〇八年に起きたリーマン・ブラザーズ社の経営破綻は、その後の世界的な金融危機の引き金となりました。**リーマンショック**です。大手とはいえ、米国の一銀行の経営破綻がその後世界中に影響して、さらに一〇年以上にわたり経済停滞をもたらしたのは、考えれば驚きです。

しかし、リーマンショックで世界的に経済が停滞したなかでも成長した製品市場はあります。エレクトロニクス市場がすべて伸びたわけではありませんが、明らかに伸びた市場はあり、その市場で急成長した会社はあります。

二〇一一年、日本では東日本大震災が起きました。震災は、ビジネスの社会においては、**サプライチェーン**の寸断を引き起こしました。サプライチェーンとは、簡単にいうと商品や製品が消費者の手元に届くまでの、調達、製造、在庫管理、配送、販売、消費といった一連の流れです。供給(supply、サプライ)の鎖(chain、チェーン)という意味です。

東日本大震災のときに、エレクトロニクス業界でどういうことが起きたかというと、東北地区の工場への資材の運搬および工場からの出荷ができなくなり、自動車やエレクトロニクス製品の完成品の組み立てができなくなるという事態が発生しました。

二〇一八年に大阪を襲った台風、二〇一九年の北関東や中部地方での台風においても同様です。

こうした教訓から、いまではエレクトロニクスメーカーはリスクの分散を行っています。一カ所に大きな工場を持つのではなく、複数の異なる地域に生産拠点を持つというものです。

コロナ禍も、震災も、台風も、すべてそうですがリスクはいつ起きるかわかりません。しかしこれらのリスクのなかで、エレクトロニクス業界は常にリスクに対応しながら、確実に前進してきたといえます。

2 エレクトロニクス業界を知る意義

現代は、身の回りの多くのものがエレクトロニクス化している時代です。エレクトロニクス製品を支える電子部品、業界の流れを知ることは重要といえます。

電子機器

本書はエレクトロニクス業界について知ろうとする人のために、この一冊を読めば業界の基礎知識がほぼ得られるということを意図して書かれています。

エレクトロニクス業界というと、まず多くの方が電子機器を思い浮かべるかと思います。薄型テレビ、パソコン、スマホ、デジタル家電など私たちの身の回りは電子機器であふれています。

しかし電子機器はほかにもたくさんあります。従来は必ずしも電子機器とみなされなかった領域の製品、例えば自動車、工作機械、医療機器なども、いまや完全に電子機器です。

自動車はガソリンではなく電気で走る時代を迎え、自動運転の実用化も近付いています。これらはエレクトロニクスの技術なくしては実現不可能です。

電子部品

エレクトロニクス製品（電子機器）と違い、電子部品は日常生活で直接目にする機会は多くないかもしれません。しかし実際には、電子機器の内部に組み込まれている電子部品が製品の機能を担っています。

電子機器の機能を実現しているのは電子部品と、その組み合わせです。電子部品にはどのようなものがあるのでしょうか。なかには、名前は聞いたことがあるが役割は知らない、というものもあるかと思います。しかし、電子部品の高精度化がエレクトロニクス製品を、そして社会を支えています。

メーカー

電子機器にせよ、電子部品にせよ、製造しているのはメーカーです。

電機大手八社というような言い方を耳にされたことがあるかと思います。日立製作所、ソニー、パナソニック、三菱電機、富士通、東芝、NEC、シャープの八社です。総合電機という言い方もします。

このうち日立製作所はプラントなど重電と呼ばれる製品も多いのですが、他の七社はいずれも電子機器が主体のエレクトロニクス大手です。

これら大手は、テレビなどデジタル家電、パソコン、スマホなどそれぞれの製品で各社とも撤退や参入の歴史があります。大手の歴史は再編の歴史といっても過言ではありません。大手だけでなく、この大手に準ずるクラスのメーカー各社も再編を繰り返し、現在に至っています。

メーカーごとに歴史があります。名前は知られているものの、いまはもうなくなっている会社もあります。

次世代に向けて

技術は日進月歩です。

一〇年前には想像さえできなかったことが、いまはできるようになっています。そうした近未来の製品を知ることももちろんですが、近未来の製品を作るための技術を知ることも重要です。

新しい技術が何を生み出すのかは、いまはまだ手探りというケースもあります。しかし新技術が新しい価値観を生むことは間違いありません。

テレビも、パソコンも、製品ができてから市場が開拓されています。

本書で取り上げたいくつかの新しい技術、次世代製品のうち、すべてではないかもしれませんが、いくつかは次世代の常識になっているでしょう。

column

パラダイムシフト

2020年に世界中を覆った新型コロナウイルスの感染拡大は、社会に大きな格差と変化を生みました。

飲食業や観光業などは特に大きな影響を受けました。淘汰《とうた》が進み、生き残りをかけた変化もありました。飲食店でデリバリーが始まったこともその一例でしょう。観光業でも、リゾート施設の運営で知られる星野リゾートの星野社長は「国内需要の掘り起こしをまず始める」と、これまでのインバウンド需要をターゲットとしていた戦略から切り替えています。

エレクトロニクス業界でも、人との接触を避ける必要性から新しいニーズが生まれました。接触を避けるため、センサ技術を活用した製品開発などが進みました。5G投資の進展加速もコロナとまったく無縁ではないでしょう。

個人でも変化があった人は少なくなかったと思います。なかにはコロナで仕事がなくなったというケースもあるでしょう。自粛やリモートワークの一般化によって生活が変わり、人生観そのものが変わったという人もいるでしょう。

いずれにしても、人も、企業も、変化への対応は重要です。変化をどう受け止めて、対応していけるかという問題は避けて通れません。

「パラダイムシフト」という言葉があります。ある時代に社会を支配していた考え方、当然のこととして考えられていた思想や価値観などが劇的に変化する状況を指します。

革命や戦争によって一気に価値観が変化することもありますが、時代の変化に伴って、何かのきっかけで大きな転換につながることもあります。混乱のなかで、定説を覆す考え方や革新的なアイディアが提唱されることもあります。

新型コロナウイルスの感染拡大を悲観的にとらえるばかりでなく、大きなパラダイムシフトの渦中にあると考えると、「この先の時代を見てみよう」と少し前向きな気持ちになれます。アフターコロナの時代はどうなっているか、楽しみに待ちましょう。

第1章

エレクトロニクス業界とは

エレクトロニクス業界には様々な事業が存在し、製品・商品も多岐にわたります。本章では、エレクトロニクス業界の定義を確認したうえで、市場規模やカテゴリーなどを解説します。

1 エレクトロニクス市場の定義

かつてはエレクトロニクス製品と呼べなかった市場においても、いまではエレクトロニクス化が進んでおり、エレクトロニクス技術はありとあらゆる製品に及んでいます。

広がるエレクトロニクス市場

かつては家電製品など「電機」という領域と、「自動車」や「機械製品」などの分野があり、「電機業界」あるいは「自動車業界」「産業・工作機械業界」などとして、明確に区別されていました。

しかし今日では、パソコンやスマホをはじめ、家電製品も完全に電子機器化しています。同様に自動車もガソリンではなく電気で動き、さらに自動運転化の流れのなかではもはや完全に電子機器です。工作機械や産業機械もコンピュータ制御が必須です。家電も自動車も産業機械も、すべてエレクトロニクスというカテゴリーに含まれる時代になっています。

製品だけでなく、エネルギーや都市構築などインフラにおいてもエレクトロニクス技術は活用されています。IoT化という言葉を聞いたことがあると思いますが、すべてのものをインターネットでつなぐという意味で、あらゆるものがエレクトロニクス化することを指します。

もはやエレクトロニクス技術なくして産業は成立しません。エレクトロニクス市場は、極端にいえば世界中の産業を支えているといっても過言ではありません。

エレクトロニクスとは

エレクトロニクスの語源はエレクトロン（電子）からきているものとされています。

かつてアメリカの電気電子学会は、エレクトロニクスを「電子デバイスで構成された科学技術とその応用をいう」と定義、またJISは「科学技術の一部門で、真空、ガス、半導体現象、および同現象を応用した装置ならびにその応用技術」と定義しました。

定義はそれぞれですが、ともかく「エレクトロニクス」は物理学でいうところの「電子」の動きによって発生する電流などを活用したデバイスであり、製品であるといえます。

エレクトロニクス業界

エレクトロニクス業界は、大きくいえば**電子機器メーカー**、**電子部品メーカー**、**電子部品商社**によって構成されています。

すべてのものがエレクトロニクス技術によって制御される時代になっている現代では、自動車、家電、医療機器だけでなく、エネルギー、都市構築などインフラ市場もエレクトロニクス領域に入ってきています。

この結果、市場規模も大きく広がっています。景気動向による浮沈はあるでしょうが、中長期的にエレクトロニクス市場がさらに広がっていくというトレンドは疑う余地がありません。

エレクトロニクス業界のイメージ

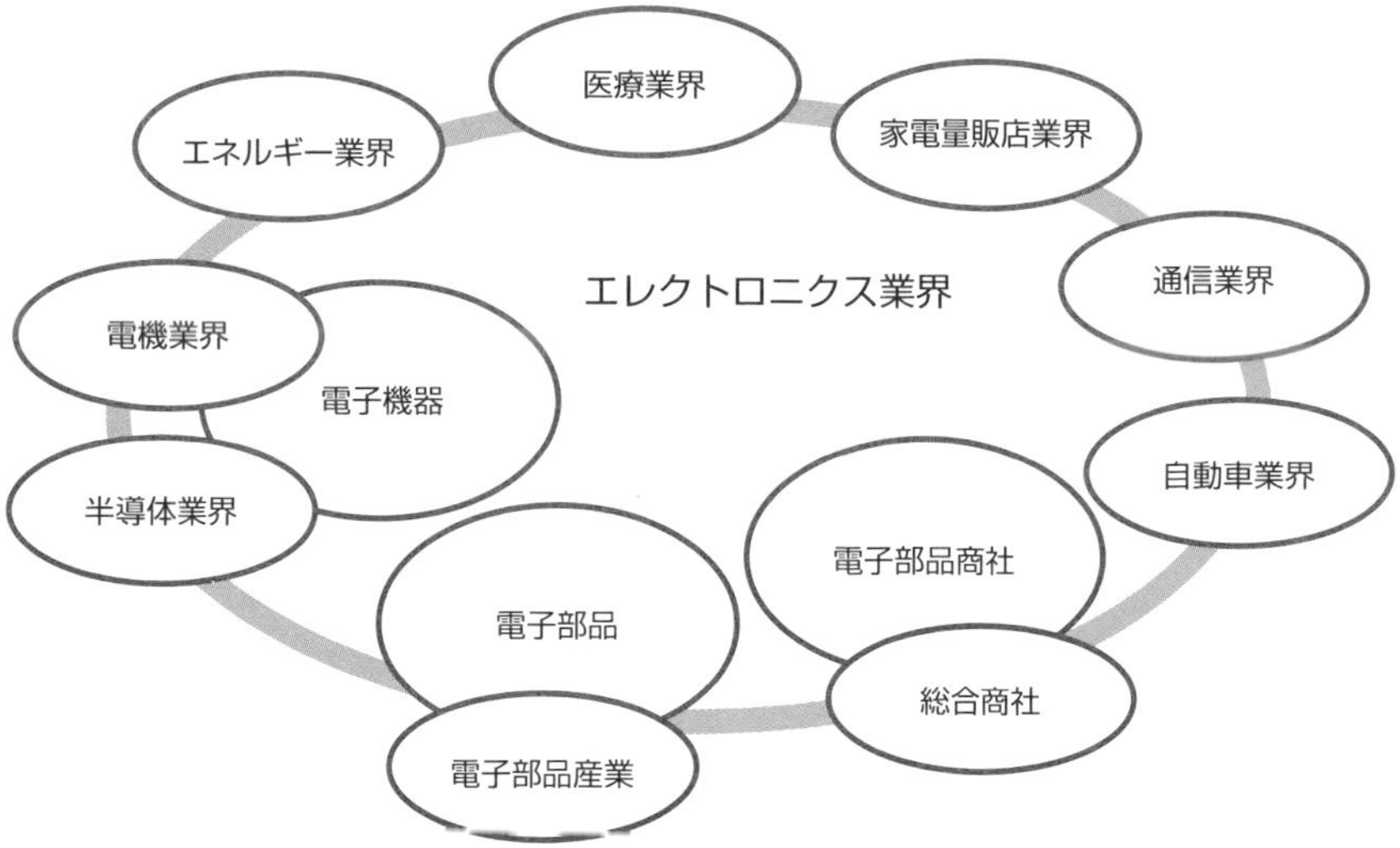

2 エレクトロニクスの歴史

諸説ありますが、エレクトロニクスという概念あるいは用語の誕生からまだ一五〇年です。この一五〇年でエレクトロニクスは飛躍的な発展を遂げました。

エレクトロニクスの歴史

エレクトロニクスの起源をどこに求めるかは諸説があるところですが、ストーニー*が電気原子説を唱えて基本粒子を「エレクトロン」と命名したのが一八七四年、あのエジソンが熱電子放出を発見したのが一八八三年ですから、まだおよそ一五〇年です。

このわずか一五〇年間でエレクトロニクス技術は飛躍的に進展し、社会の近代化を促しました。技術の発展という意味では、エレクトロニクス市場はほかに類を見ない市場といえます。

いつの時代でもそうなのですが、産業と技術が大きく進展するなかでは、やはり残念ながら戦争が一つの契機となっています。無線通信の技術は空軍などの交信の必要から技術開発が進み、第二次世界大戦においてレーダの技術などが飛躍的に伸びました。

真空管からトランジスタ

エレクトロニクスの歴史にとって大きかったのは、やはり**真空管**の発明です。真空管とは、内部を真空として電極を封入したものであり、陰極から陽極に流れる電子流を真空状態で制御することによって、増幅、検波、整流、発振などを行うことができる構造になっています。真空管は、薄型テレビになる前にはテレビにも搭載されていました。故障すると「真空管が切れています」と言われたものです。

そして真空管に代わって**トランジスタ**が発明され、このトランジスタが**半導体集積回路（IC）**につながっ

用語解説
*ストーニー　アイルランドの物理学者。スペクトル、気体論、電気分解などを研究。電機素量の存在を主張し、これを電子（electron）と名付けたことで知られる。

ていきます。ちなみにトランジスタとはTransfer Resister（真空管に代わる抵抗）という意味で作られた言葉です。

トランジスタから半導体

トランジスタは、一九四七年に米国AT&Tベル研究所で点接触型トランジスタとして音声信号を増幅する実験に成功、さらに翌四八年に同研究所が接合型トランジスタの理論をまとめたのが始まりとされます。

さらに、この技術を一般消費者向けの製品に活用したのは、日本企業です。一九五五年に東京通信工業がトランジスタラジオを開発して爆発的な売れ行きとなります。いうまでもなく、東京通信工業とは現在のソニーです。

日本の半導体産業が世界に果たした役割は大きく、一時は世界の半導体市場を日本企業が独占していた時代もありました。

エレクトロニクス技術による発明

▼トランジスタ

▼真空管

3 エレクトロニクス市場の規模

エレクトロニクスの世界全体の市場規模とその推移、さらに日系企業の生産規模について見ていきます。現在の日系企業の生産は停滞基調となっています。

エレクトロニクス業界の世界市場規模

一般社団法人電子情報技術産業協会（以下、JEITA）では、エレクトロニクス業界を電子情報産業というくくりで定義しており、電子部品、電子機器のほか、SI開発・ソフトウェア、アウトソーシングビジネスなどソリューションビジネスをその中身としています。

JEITAによれば、これら電子情報産業における二〇一九年の世界市場規模は約二兆九二〇〇億ドルでした。電子材料や関連業種も含めると実際には市場規模はさらに大きいのですが、ともかく前年比で一％の微増だったとしています。

この年は米中貿易摩擦が深刻化しており、半導体や電子部品が調整局面にあったことが響き、微増にとどまりました。

この時点では、二〇二〇年も拡大を見込んでいました。5Gの進展やIT投資の広がりから、二〇二〇年は一九年比で五％程度の伸びになるだろうというのがJEITAの見通しでした。しかし、年初から新型コロナウイルスの感染拡大という想定外の出来事があり、経済面で大打撃となったのは周知のとおりです。

エレクトロニクス業界の国内市場規模

二〇一九年までの流れを見ると、世界全体では、二〇一五年の二兆五六〇〇億ドルを底に、エレクトロニクス市場は緩やかな拡大傾向が続いています。

しかし日系企業は伸び悩んでいます。日系企業の生産額は二〇一〇年には四八四〇億ドルの市場規模があったのですが、二〇一五年まで微減が続き、三四〇〇億ドル台となりました。

その後は下げ止まりながら横ばいが続いていますが、二〇一九年はまだ三四三〇億ドルという水準なので、この一〇年間では三割減少したということになります。

世界全体でのシェアも、二〇一〇年には全体の二一%あったのですが、二〇一九年にはこれが一一%にまで低下しています。

JEITAではこの要因として、海外企業との競争激化とともに、世界で伸びているソリューションビジネスの世界において、日本企業は立ち遅れているということを指摘しています。

IT投資で世界が大きく変わろうとしているなか、日本企業の巻き返しに期待がかかります。

世界生産額・日系企業生産額の推移

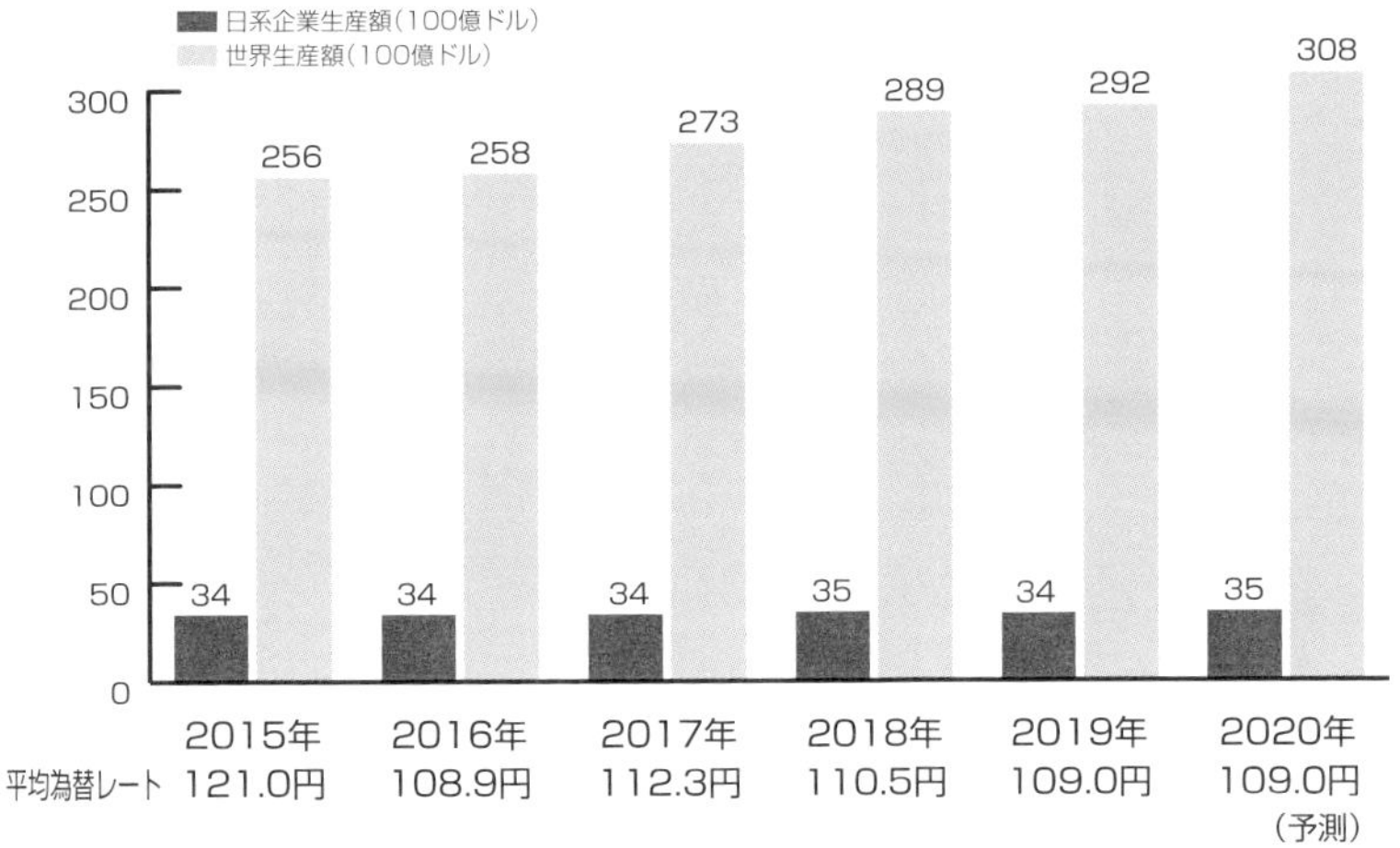

※ 2020 年の為替は 2019 年と同一とみなす
参考：JEITA

ワンポイントコラム
JEITAでは、2020年は、新型コロナウイルス感染拡大の影響もあり、最終的に世界生産は2兆9,700億ドル、日系企業生産は3300億ドルにとどまったと見ています。

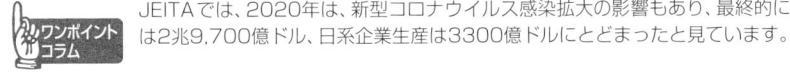

4 エレクトロニクス分野の世界市場

電子機器、電子デバイス、システム構築などのSI開発・アウトソーシング・ソフト開発といったソリューションサービスの世界市場規模と、ウエイトを見ていきます。

世界生産の内訳

JEITAの調査によれば、エレクトロニクス(電子情報産業)市場の二〇一九年における世界全体の生産額は二兆九二〇〇億ドルでした。

その内訳は電子機器が一兆二四五〇億ドル、電子部品・デバイスが七五五〇億ドル、ソリューションサービスが九二〇〇億ドルとなっています。

割合としては、順に電子機器四三%、電子部品・デバイス二五%、ソリューションサービス三一%となります。電子機器メーカーの内製する電子デバイスなどもあるため、実際には電子部品の市場はさらに大きいのですが、一つの参考値として理解してください。

さらに電子機器四三%の内訳は、AV機器が五%、通信機器が一八%、コンピュータおよび情報端末が一五%、その他の電子機器が五%です。

一方、電子部品・デバイス二五%の内訳は、電子部品が七%、ディスプレイデバイスが四%、半導体が一三%などとなっています。

円換算の内訳

世界生産額はドルベースの推計となりますが、これを二〇一九年の平均換算レート(一ドル一〇九円)で換算していくと、三一八兆四八〇〇億円程度となります。

これをまとめたものが左表です。なお二〇二〇年の予測はこの時点では新型コロナウイルスの感染がまだ表面化していなかったので、伸びを見込んでいます。

電子情報産業の世界生産額推移

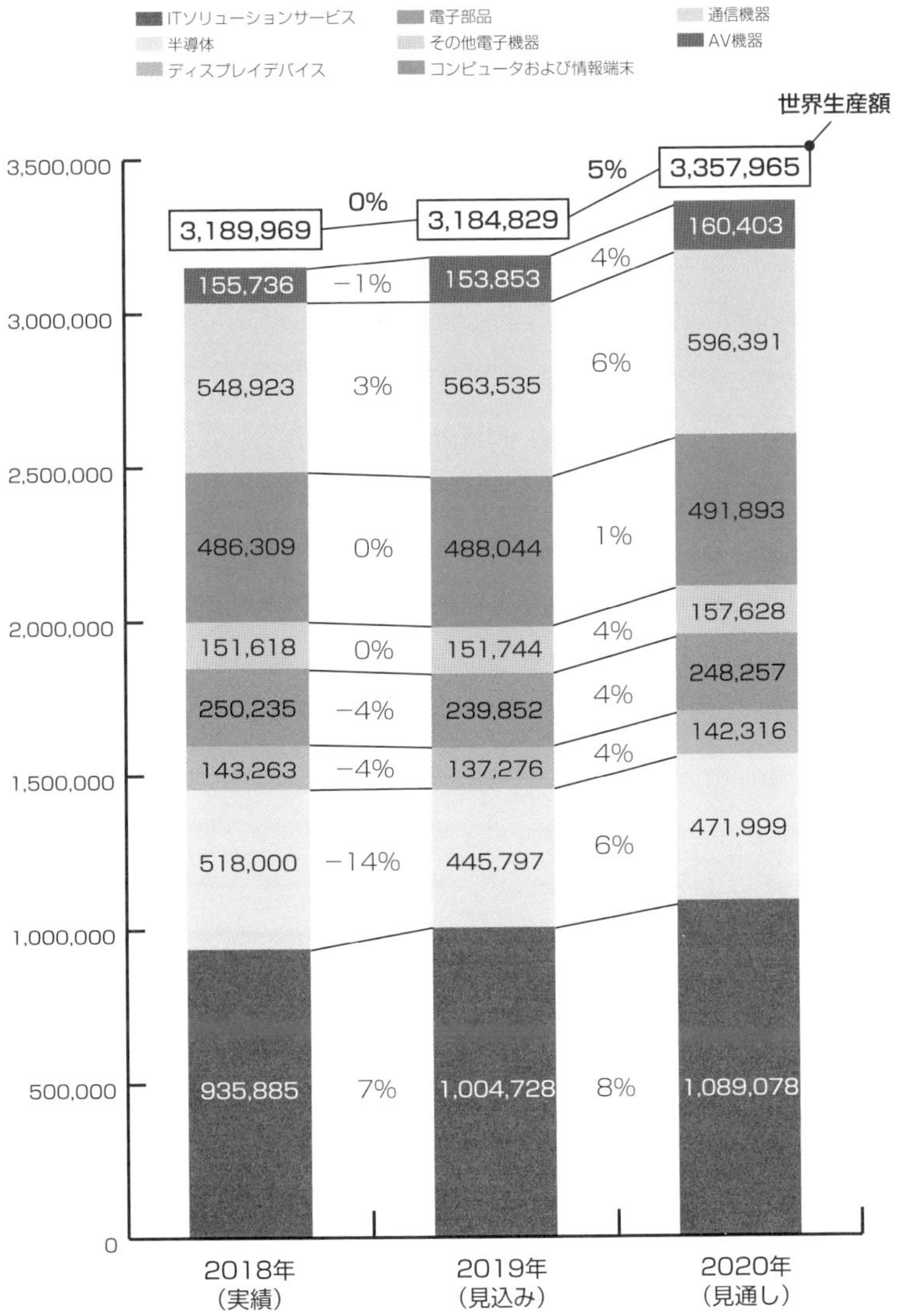

（単位：金額＝億円、前年比＝%）

参考：JEITA 資料

ワンポイントコラム JEITAでは、2020年はソフトや開発などソリューション事業は伸びたものの、電子機器、電子部品はともにマイナス成長だったと見ています。新型コロナウイルスが誤算でした。

5 エレクトロニクス製品のカテゴリー

電子機器、電子部品・デバイスには具体的にどのようなものがあるのか見ていきます。また、電子機器には民生用と産業用という分け方があります。

電子機器

明確な業種区分があるわけではないのですが、経済産業省は電子機器を、民生用電子機器（民生機器）と産業用電子機器（産業機器）に分けています。一概にはいえないのですが、民生用は家庭用で個人ユーザーなどを念頭に置いているもので、産業用は企業向け製品を指します。

経済産業省の電子機器の仕分けでは、民生機器を映像機器と音声機器に分けています。映像機器にはテレビをはじめ、録画再生機、ビデオカメラ、デジタルカメラなどがあります。音声機器としてはステレオセット（オーディオ機器）、ヘッドホンステレオ、ラジオ、カーオーディオなどがあります。

産業機器としては、通信機器（有線と無線）、電子計算機と情報端末、電子応用装置、電気計測器、事務機器などがあります。

電子部品

電子部品・デバイスは、電子部品と電子デバイスに分けています。さらに電子部品は、受動部品、接続部品、電子回路基板、変換部品などに分かれます。

受動部品には抵抗器やコンデンサ、トランスなど変成器を、接続部品にはスイッチ、リレーを、変換部品にはモータ、マイクロホン、ヘッドホンなどをそれぞれ入れています。

電子デバイスとしては電子管、半導体素子、集積回路などがあります。

主なエレクトロニクス製品

映像・OA 機器	テレビ、光学機器、デジタルカメラ、DVD･ブルーレイ、カラオケ機器、ディスプレイ（液晶・有機 EL)、複合機、プリンタ、事務機器
音響・車載機器	オーディオ機器（コンポ、アンプ、スピーカ)、カーステレオ、カーナビゲーションシステム
ゲーム機器・楽器	パチンコ・パチスロ機器、台間玉貸機など遊技場向け機器、電子玩具、業務用ゲーム機、携帯型ゲーム機、家庭用ゲームソフト、電子楽器
コンピュータ・周辺機器	パソコン、ワークステーション、大型コンピュータ、HDD、画像処理装置、メモリカード、マイコンボード
有線・無線通信機器	携帯電話、電話機、交換機など電話機周辺装置、レーダ装置、船舶用機器、 業務用無線機、インターホン、POS、赤外線システム
医療・環境機器	X線装置、心電計、内視鏡、血圧計、オゾン発生装置、空気清浄機、ヘルスケア機器
産業用電子機器	半導体・液晶製造装置、電子部品検査装置、工作機械、制御装置
防災・防犯機器	火災報知器、防災・防犯監視装置・システム、地震感知装置
計測機・測定器	各種計測機器、温度計、湿度計、水分計、分析計、測定装置
その他	白物家電など家電製品、EMS・機器組み立て、放送用機器、ECR、ATM、 自販機、配電盤、制御盤

電子部品	抵抗器、コンデンサ、水晶デバイス、フィルタ、圧電素子、EMC 対策部品、エンコーダ、電球、半導体、集積回路、トランジスタ、ダイオード、電子管、 サーミスタ、バリスタ、センサ、LED 素子、コネクタ、スイッチ、リレー、モータ、端子、ソケット、ヒューズ、アンテナ、ソレノイド、アクチュエータ、電池、プリント基板、電源、トランス、実装基板、電線、チューナ、 高周波部品

作成：クリアリーフ総研

6

日系企業の市場規模

世界生産額のうち日系企業のエレクトロニクス生産額はどのくらいのウエイトを占めているか見ていきましょう。強みを発揮しているのは電子部品・デバイスです。

日系企業の生産額

前述のようにエレクトロニクス分野の世界生産額は、ドルベースJEITAの推計で二兆九二〇〇億ドル、日系企業の内訳との比較のためこれを円換算すると（二〇一九年の平均換算レート＝一ドル一〇九円）、三二八兆四八〇〇億円程度となります。

日系企業の世界全体の生産額はこのうち三七兆三七〇〇億円程度で一二％弱と推定されています。

電子部品に強み

世界生産額における日系企業生産額の大きいものは、電子部品の八兆七六〇〇億円、ソリューションビジネス七兆九二〇〇億円、コンピュータおよび情報端末の五兆九三〇〇億円などで、電子部品は世界中のシェアとしても三七％と高くなっています。

ただし、エレクトロニクスの中枢部品である半導体については四兆七二〇〇億円で、日系企業の世界シェアは一一％にとどまっています。

一方、電子機器で見ると、通信機器は二兆一六〇〇億円で、世界全体だと五六兆三五〇〇億円という事業規模があるため、ウエイトは四％にとどまります。

携帯電話の**ガラパゴス化**などが影響しており、世界から立ち遅れている構図です。

ソリューションビジネスは前述のように額としては小さくないのですが、世界の市場規模が大きいので、日系シェアは八％にとどまります。

日系企業の生産額推移

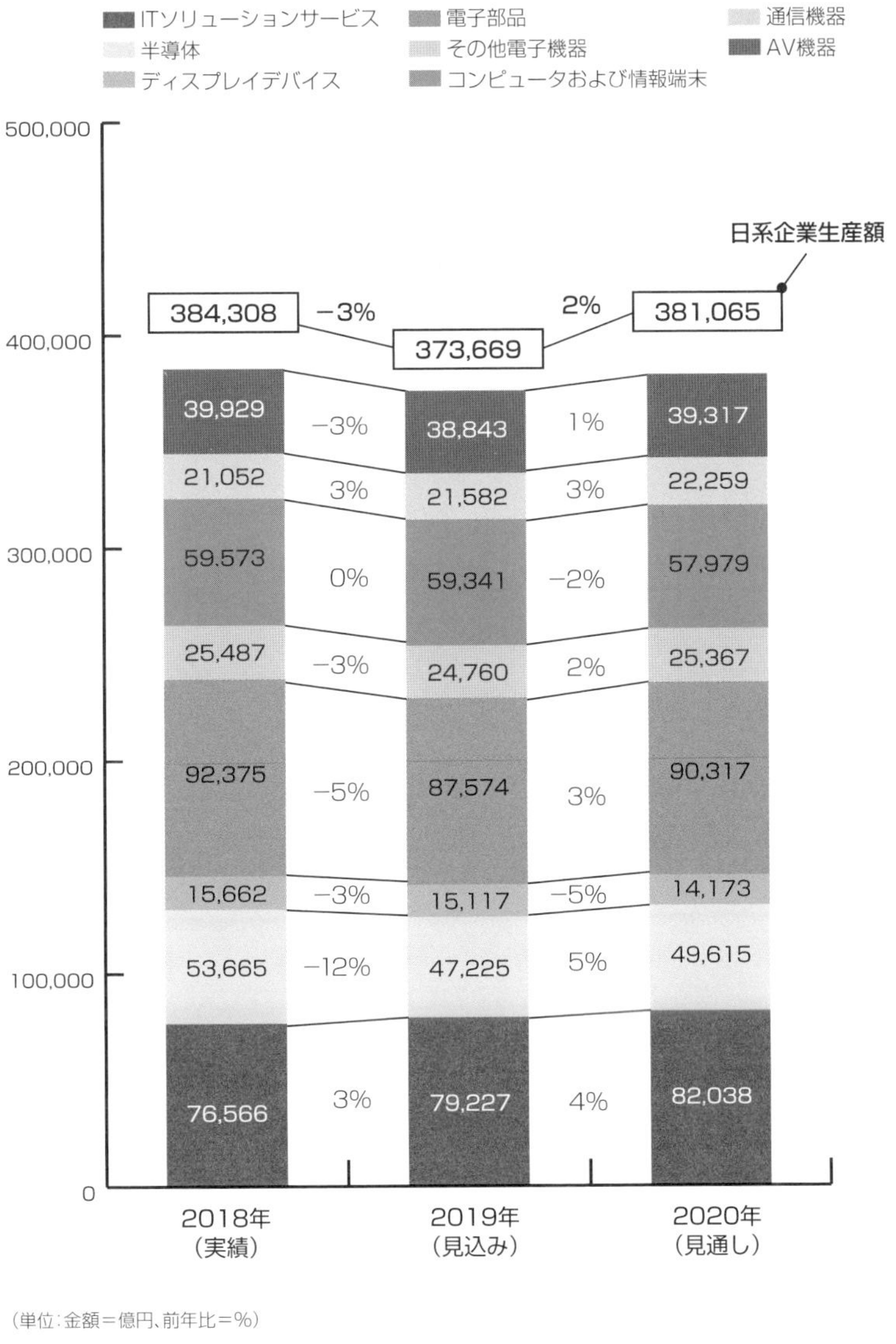
ITソリューションサービス
電子部品
通信機器
半導体
その他電子機器
AV機器
ディスプレイデバイス
コンピュータおよび情報端末
500,000
400,000
300,000
200,000
100,000
0
日系企業生産額
384,308
−3%
373,669
2%
381,065
39,929
−3%
38,843
1%
39,317
21,052
3%
21,582
3%
22,259
59.573
0%
59,341
−2%
57,979
25,487
−3%
24,760
2%
25,367
92,375
−5%
87,574
3%
90,317
15,662
−3%
15,117
−5%
14,173
53,665
−12%
47,225
5%
49,615
76,566
3%
79,227
4%
82,038
2018年
(実績)
2019年
(見込み)
2020年
(見通し)

(単位:金額＝億円、前年比＝%)

参考：JEITA

7 日本国内生産の動向

日系企業、さらにそのうち国内生産のエレクトロニクス分野におけるウエイトを見ていきます。日本は電子部品製造などに強みがありますが、海外シフトが進んでいます。

海外移管進む日系企業

日系企業は海外進出が進んでおり、海外生産が多くなっています。海外生産も日系企業の生産ではあるのですが、海外生産分を除いた国内生産額に限定すると、ＪＥＩＴＡ推計では一一兆円程度となります。

日系企業の生産額は前出のように三七兆三七〇〇億円という市場規模ですが、このうちソリューションビジネスを除いた生産分だけだと、およそ二九兆四四〇〇億円なので、国内生産比率は四割弱となります。

電子機器および電子部品生産の六割余は海外にシフトされているという計算になります。

国内生産が多い製品

電子部品の生産はやはり国内でも高く、二兆六六〇〇億円に達します。

この統計には電子材料が入っていないので、電子材料も加えるとさらにウエイトは高まります。電子材料および電子部品事業は日系企業の強みとなっています。

ほかに、日系企業生産額のなかで国内生産額の高い製品を見ると、ディスプレイデバイスはおよそ九割、八九％が国内生産で、ほかにも半導体が六三％です。

電子機器ではサーバ・ストレージが七六％、電気計測器が六九％、医用電子機器が六五％とそれぞれ高い国内生産比率となっています。

電子情報産業の国内生産額推移

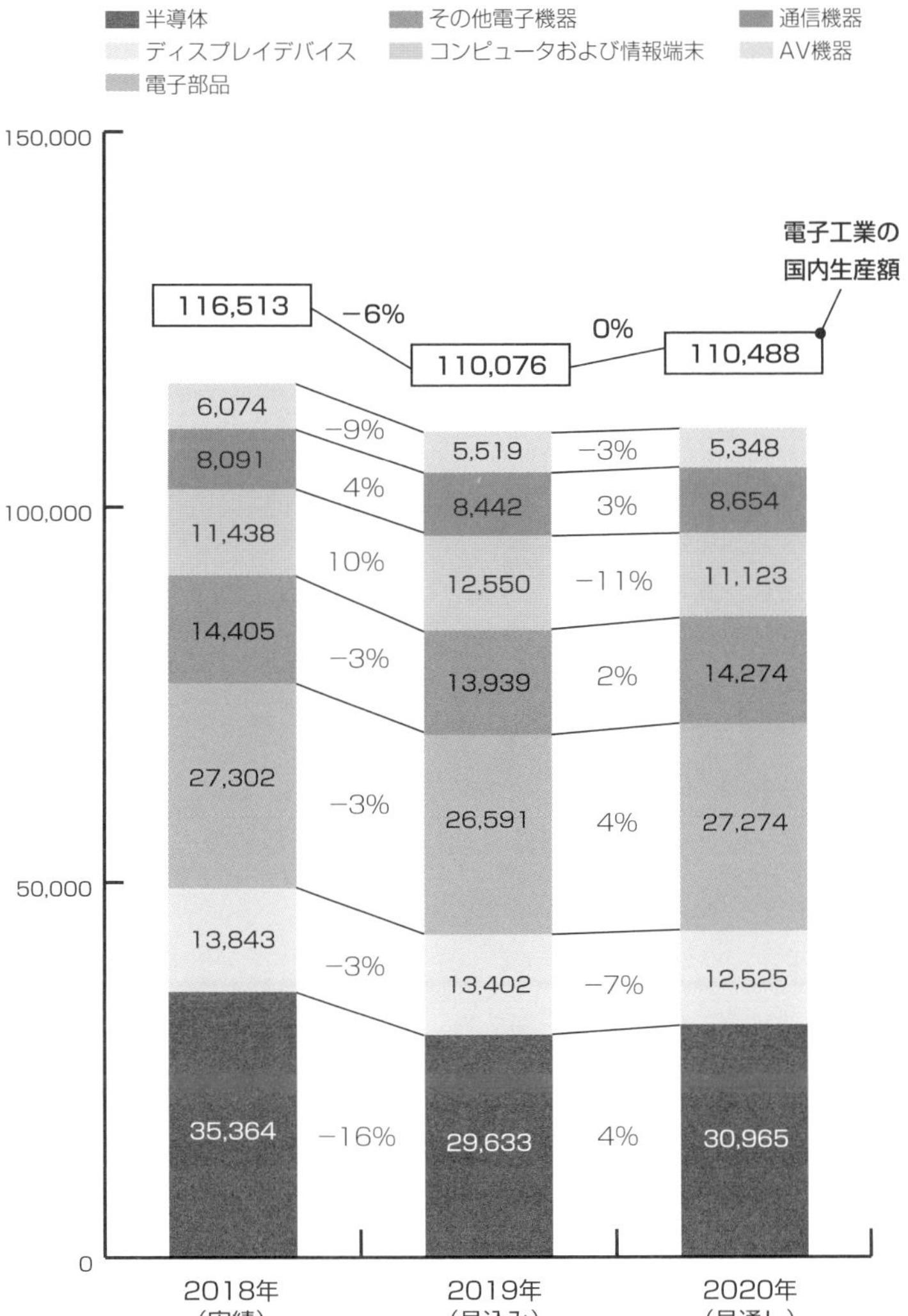

（単位：金額＝億円、前年比＝%）

参考：JEITA

column

A社の倒産

2020年8月、電気製品を家電量販店などに卸販売していた会社が破産を申請して倒産しました。仮にA社としておきましょう。

その後、A社の倒産に関連して、A社の仕入れ先メーカーのB社、さらにA社製品と家電量販店の間に入っていた商社C社の倒産なども相次ぎ、大きな連鎖倒産の輪ができました。

それでもその段階ではまだ、メーカーのB社も、商社のC社も、A社の連鎖倒産だと思われていました。販売不振による経営悪化が大きな倒産原因と見られていたのです。しかしその後、この3社の間に架空取引(実態のない取引)の存在が発覚し、この倒産に対する見方は一変しました。

A社の社長は、倒産後も一貫して「自分は被害者である」と主張しています。A社社長は、知人から取引の話が持ち込まれ、B社製品について、C社を経由して家電量販店で販売することになったと振り返っています。

A社としては、在庫を持つ必要もなく、面倒な営業もなく、名前を貸すような形の取引となるので、メリットは大きかったのですが、売上が伸びてきたところで、様子が一変します。取引量が一気に膨らんだところで、B社とC社の社長が逃げてしまったのです。結果としてA社には借金だけが残り、倒産しか選択肢がなくなってしまいました。

A社社長の話が本当ならば、A社社長は確かに被害者です。B社とC社の社長がA社をだまして資金を持ち逃げしたことになります。

しかし、A社は仕入れのための資金と称して、金融機関から多額な借入金を起こし、それをB社やC社に貸し付けていたのも事実で、疑問は残ります。

このような話はときどきあります。事実は闇のなか、藪《やぶ》のなかですが、誰かが誰かをだまそうとして意識的に会社を倒産させたのは確かです。

第2章

エレクトロニクス業界の製品

　第1章で見てきたとおり、エレクトロニクス業界では多種多様な製品を生産しています。本章では、エレクトロニクス業界において主に生産されている商品を紹介し、内容や需要、生産状況などを解説します。

AV機器①

1

AV機器の定義と新技術

AV機器はオーディオビジュアル機器の略で、代表格はやはり薄型テレビです。4Kテレビの時代が始まり、市場が広がることが期待されています。

AV機器

AV機器のAVとはオーディオビジュアルの頭文字をとったもので、音響・映像に関する製品が中身です。具体的には、薄型テレビやDVDやブルーレイなど映像記録の再生機器、デジタルビデオやデジタルカメラなど撮像機器、オーディオシステムなど音響機器および関連するスピーカやプレーヤなどが中身です。

カーナビやドライブレコーダも含めたカーオーディオもカーAVC機器としてこのカテゴリーに入ってきます。

映像機器、オーディオ関連機器、カーAVC機器という区分をされ、まとめて「民生用電子機器（民生機器）」という言われ方をすることもあります。

民生用とは一般家庭などで使われるということで、これに対するものが産業用電子機器（産業機器）ということになります。民生機器のすべてがAV機器ではありませんが、AV機器は民生機器のなかでも代表的な存在です。

薄型テレビ

テレビはブラウン管から液晶などの薄型に移行、一時期は**薄型テレビ**として**液晶テレビ**と**プラズマテレビ**の争いがあったのですが、プラズマテレビはいまではすっかりなくなり、液晶テレビが勝ち残りました。

しかし、勝ち残ったはずの液晶テレビ市場も韓国勢や中国勢との価格競争により、国内メーカーは撤退が相次いでいます。詳細は別項で書きますが、国内大手ではソニーとパナソニックが残っている程度です。

東芝はブランドが残っているだけ、シャープは会社が台湾資本の**鴻海（ホンハイ）精密工業**に売却されているため、テレビ事業は継続していますが「日系企業」とはいいにくい部分があります。

しかしそうした一方で、電機大手といわれるところ以外では、新たに液晶テレビを手がけ始めている企業も出ています。

船井電機やアイリスオーヤマなどです。船井電機の液晶テレビは家電量販店のヤマダ電機で、アイリスオーヤマのテレビは自身の店舗で、それぞれ販売されています。日本メーカーの液晶テレビもまだまだ力を残しています。

3Dテレビ

薄型テレビ関連では、二〇一〇年代の初頭に**3Dテレビ**というものがあり、「3Dテレビの時代が来る」といわれていたことがありました。

二〇一〇年を「3D元年と呼ぼう」という動きもあり、展示会などに行くと盛んにデモンストレーションをやっていたのですが、結局、市場は本格化しませんでした。専用メガネをつけて「飛び出す映像を見る」というニーズをメーカーは開拓することができませんでした。

4K、8K

日本では二〇一八年十二月に**新4K8K衛星放送**の本放送が始まりました。これからは**4Kテレビ**の時代になると見られています。

近年では、アンドロイドTVなどネット配信の受信を初期設定で可能にしたものも増えています。テレビ放送では4K放送はまだ限定的ですが、ネット配信では4K映像なども多く、4Kテレビで視聴することは可能です。

実際に量販店などで販売されているテレビはほとんど4Kテレビであるため、4Kテレビの時代が来ることは間違いないと思われます。

さらに高画質な8Kも技術的には確立されており、4K8K時代になるでしょう。

ワンポイントコラム

4K・8K放送はネット配信などを除くとまだ限定的ですが、4Kテレビには高解像度の機能が付いているので、映像コンテンツは従来の2Kのままでも4Kテレビのほうがきれいな映像で見ることができます。

AV機器②

強い存在感を放つ日本メーカー

2

AV機器には、薄型テレビのほかにもDVDやブルーレイなどのレコーダ、デジタルカメラなどがあり、これらは日本メーカーが世界的にも強い市場です。

テレビの新たな争い

前項の薄型テレビの説明で触れたように、かつてテレビでは液晶とプラズマという争いがあったのですが、現在はまた**液晶と有機EL**という二つのパネル方式の競争が起きています。価格はまだ有機EL方式のテレビのほうがかなり高いのですが、映像の美しさなど競争力もあるため、その行方が注目されます。

日本メーカーが強い市場

薄型テレビにおいては、日本メーカーは大手が撤退や事業の売却をしたことにより世界市場シェアが小さくなっていますが、薄型テレビ以外のAV機器ではまだ強さがあります。

二〇一九年実績におけるJEITAの推計では、日本企業の世界生産額におけるシェアは**映像記録再生機器**が七〇%、**撮像機器**は八七%となっています。

これらの市場では、ほとんどの製品が日本メーカー製といってもいい内容です。

映像記録再生機器と撮像機器

映像記録再生機器とは、DVDやブルーレイのレコーダおよびプレーヤで、撮像機器はデジタルビデオとデジタルカメラです。

DVD／ブルーレイなど映像記録再生機器とデジタルビデオ／カメラなど撮像機器は、市場としては近年横ばいが続いています。

映像記録再生機器は、二〇一一年をピークに減少、一

ワンポイントコラム

ネット配信のコンテンツが急拡大しており、一般ユーザーの記録再生機器需要は伸び悩むと見られています。しかし業務用の記録保存には高容量のニーズが根強く残るでしょう。

テレビと再生機器の国内出荷実績（単位：千台、%）

		19年1～12月累計	
		数量	前年比
薄型テレビ		4,867	107.9
	29型以下	816	92.9
	30～39型	1,030	—
	40～49型	1,614	—
	50型以上	1,407	130.3
	（4K対応）	2,578	129.6
	（有機EL）	331	—
DVDレコーダ/プレーヤ		334	82.5
BDレコーダ/プレーヤ		2,526	96.6
	レコーダ	2,015	98.2
	プレーヤ	511	90.6

※千台未満は四捨五入の関係で、内訳と合計が一致しない場合がある
参考：JEITA

六年ごろからは横ばいとなっています。

撮像機器は二〇一〇年がピークで、一三年ごろから大きく減少しています。

しかし映像記録再生機器は、薄型テレビと同様に、拡大する4K市場が牽引《けんいん》して買い替え需要が始まるという期待もあります。

一方、撮像機器のデジタルカメラは別項で細かく述べますが、もともと日本メーカーの独占的な市場でした。スマホの普及とスマホのカメラ機能の高機能化によって市場は縮小していますが、SNSの普及や4Kの浸透が活路となる可能性があります。

4Kが日常化するなど一般ユーザーが高画質なものを望むようになると、スマホカメラでは満足しないユーザーが増えて市場が回復する可能性があります。

パソコン①

3 パソコン市場の動向と課題

二〇一九年にはOS(Windows 7)のサポート終了から需要が拡大しました。一時的な拡大と思われていましたが、新型コロナウイルスの感染拡大という新たな要因が加わってきました。

二〇一九年

パソコン販売においては、二〇一九年には米マイクロソフトのOS(基本ソフト)であるWindows 7(ウィンドウズ7)のサポート終了による買い替え需要が発生しました。特に法人向けにおいては、大きな需要喚起の年となりました。

二〇一九年一〇月には消費税増税もあったため、増税前の駆け込み需要も発生したと見られています。

結果として、JEITAの統計資料で見ても、年間を通して前年を上回るパソコン販売実績となりました。

JEITAによると、二〇一九年のパソコン国内出荷台数(集計対象は別掲八社)は、前年比三七・四%増の九七三万七〇〇〇台。出荷台数内訳ではデスクトップ型が同四九・四%増の二五八万四〇〇〇台、ノート型が同三三・六%増の七一五万二〇〇〇台となっています。

金額ベースでも同様で、国内出荷金額は前年比三六・七%増の九一二六億円となっています。内訳としては、デスクトップ型が同四八・九%増の二三一二億円、ノート型は同三三・一%増の六八一四億円でした。

二〇二〇年

続く二〇二〇年は、当初はこの一九年の拡大の反動があり、減少を余儀なくされると見られていましたが、市場環境に変化がありました。

新型コロナウイルスの感染拡大です。その影響で、経済活動の停滞による需要減などマイナス要素はあったものの、在宅勤務、学校のオンライン授業など、多くの分野で新たなパソコン需要が発生しました。

今後も在宅勤務やオンライン授業は拡大が見込まれています。長期的には医療など多くの市場で遠隔操作などによるパソコン使用の拡大も見込まれています。

パソコン市場は、今後も安定的な需要を確保できる可能性があります。

パソコン市場の課題と可能性

パソコン市場は、もともとスマホやタブレット端末などの普及が逆風となり、停滞感が漂っていました。

ネット接続などスマホに奪われた市場が簡単に戻るとは思えません。とはいえ、在宅勤務やオンライン授業のように、スマホやタブレット端末ではなくパソコンが求められる市場が出てきたことも事実です。パソコン業界は新しい需要をうまく取り込むことが求められます。

こうしたなかで重要になってくるのは、新たな市場ニーズに対応した製品です。システム構築の部分も含めて、さらにはセキュリティ強化などパソコン市場には対応が求められます。

パソコン国内出荷台数（千台）

項目／月	2019年											
	1月	2月	3月	4月	5月	6月	7月	8月	9月	10月	11月	12月
デスクトップ	120	165	274	161	204	198	216	216	325	208	225	273
ノート型	442	465	748	503	486	616	618	674	828	543	540	689
合計	562	630	1,022	664	690	814	834	889	1,153	751	765	962
前年比(%)	127.3	115.6	111.8	140.3	147.1	123.9	162.3	162.4	171.8	162.2	140.4	114

パソコン国内出荷金額（億円）

項目／月	2019年											
	1月	2月	3月	4月	5月	6月	7月	8月	9月	10月	11月	12月
デスクトップ	124	153	237	160	175	177	196	188	272	183	202	245
ノート型	442	467	702	517	476	576	582	596	751	518	535	652
合計	566	621	939	677	651	752	777	783	1,024	701	737	897
前年比(%)	130.5	123.5	113	136.8	142.5	123.2	154.7	159.1	172.4	156.9	136.1	117

※四捨五入のため、内訳の和と合計が一致しない場合もある
※統計参加社はアップルジャパン、NECパーソナルコンピュータ、セイコーエプソン、Dynabook、パナソニック、富士通クライアントコンピューティング、ユニットコム、レノボ・ジャパン（計8社）
参考：JEITA

パソコン②

海外メーカーが上位に並ぶ世界市場

4

世界市場の規模、日本企業のウエイトを見ていきます。世界市場では米中トップメーカーがシェア上位を占めています。

パソコンの世界市場

パソコンの世界市場では、やはり二〇一九年はOS（基本ソフト）である「Windows 7」のサポート終了による特需があり、特に企業向けに販売台数が伸びました。調査会社のIDCジャパンによると、世界市場の出荷台数は前年比三・一%増の二億六七六四万台になったと見られています。

JEITAの推計では、世界の市場規模は一八二一億ドル（一九兆八五二九億円）だったとしています。日系企業の生産額はおよそ一兆六五六五億円としていますから、パソコン市場の日系企業における世界での生産額ウエイトは八%となります。また日系企業のパソコン生産額のうち、国内生産額比率はおよそ四割としています。

国内市場も同様ですが、世界でも個人向け需要においては、高性能化と耐久性の高まりから買い替えサイクルが長期化しています。

一方、オンラインゲームなどへの対応から高速映像処理を行う機能に対応した機種のニーズも見込まれます。法人需要においては、ウィズコロナの影響もあり、持ち運びに便利な小型軽量タイプ、セキュリティ機能を強化した高機能タイプなどの需要が今後見込まれ、さらに付随するシステム構築需要の発生も広がっています。

パソコンの世界市場

OSの切り替えという特需のなかで、この追い風をうまく活かしたのは中国のレノボ・グループでした。IDCジャパンの推計では、中国レノボは台数ベースでは一九年に六四八五万台を販売、シェアを一・二ポイント増やして、トップとなりました。前年の一八年には世界市場でシェアトップ（レノボと同率首位）だった米国HP（ヒューレット・パッカード）を引き離しました。レノボは特にアジアで販売台数が堅調で、インドにおいては教育分野で大型案件を獲得しています。

米国IDGによると、一九年レノボの世界シェアは二四・二％で、二位の米国HPは二三・五％と見られています。三位は米国のデル社で、シェアは一七・四％でした。つまりこの上位三社で、世界シェアの六五・一％を押さえているという構図となります。

日系企業

国内では、トップ3に続くと見られているところに、二〇一九年のシェアでは富士通とDynabook、さらに米国アップルを挟んで、パナソニックが位置しています（MM総研調べ、ただしシェアトップはNECレノボ）。このうち富士通（富士通クライアントコンピューティング）とDynabookについては、日系とはいいにくい側面もあります。

富士通は国内生産をしていますが、パソコン事業会社の富士通クライアントコンピューティングは、すでに中国レノボの傘下に入っています。またDynabookは、もともとは東芝のパソコン事業会社という位置付けでしたが、二〇一八年にシャープ傘下に入り、さらに二〇二〇年八月には東芝がシャープに残りの株式も売却したため、現在は台湾鴻海傘下のシャープの全額出資子会社です。

パソコン2019年世界市場シェア

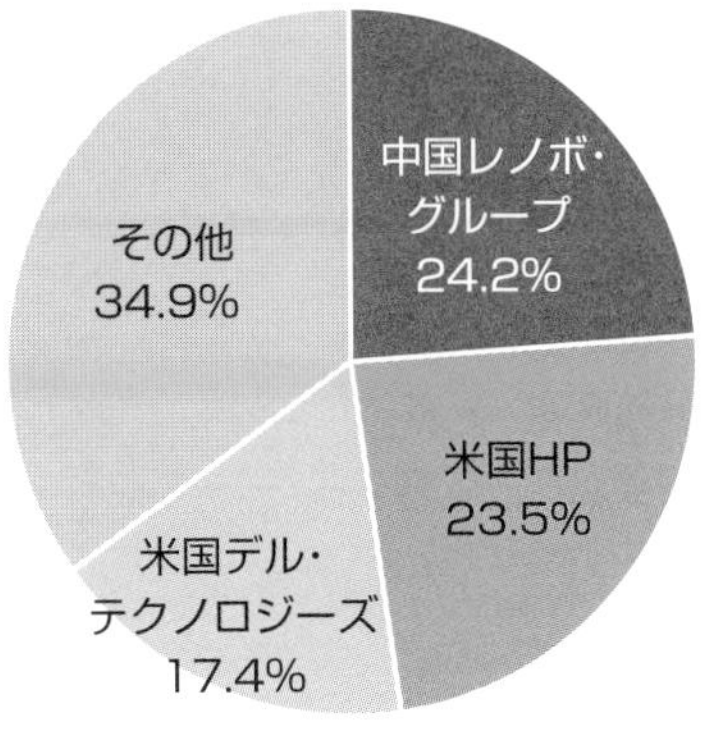

※販売台数ベース
参考：International Data Group

5 主な周辺機器と多様化するニーズ

パソコン周辺機器①

パソコン周辺機器には多くのエレクトロニクス製品があります。オフィスでプリンタやコピー機、ファックスとして使用する複合機やWebカメラも周辺機器です。

パソコン周辺機器

パソコン周辺機器には多種多様なものが含まれます。パソコンと一体化して使用されるキーボード、ディスプレイ、マウスなどもそうです。

付属製品として位置付けられるプリンタも周辺機器です。スキャナも挙げられます。また法人向けのプリンタともいうべき**複合機**も機能的にはパソコン周辺機器と同じ役割を果たします。

ほかにも、インターネット接続のルータ、Wi-Fi装置、あるいは保存用のメモリカード、SDカード、さらにデータの読み取りや書き込みに使うカードリーダ／ライタなども周辺機器・デバイスです。

さらに、機能を拡張するための外付けのドライブ、最近ではWeb会議用の**Webカメラ**なども周辺機器です。パソコン本体の高スペック化とともに、ユーザーニーズが多様化しているので、周辺機器も様々なものが市場投入されています。

複合機

複合機は簡単にいうと、法人などが主に使用するプリンタです。プリンタですが、コピー機やファックス、スキャナなどの機能もあり、データ端末としても位置付けられています。

複合機としての世界シェアは、米国HP（ヒューレット・パッカード）がトップシェアですが、国内勢もキヤノン、ブラザー工業、リコー、京セラ、シャープなど各社がしのぎを削っている状況です。

複合機にはリース販売という形態もあります。複合機は販売されることもありますが、多機能で機器の単価も高くなるので、カウンター料金設定などのリース販売が多くなっていることが特徴です。

Webカメラ

パソコンの付属部品、周辺機器として、Webカメラが注目されています。

もともと国際化や国内でもWeb会議などで需要が高かったことに加え、動画配信サービスでの利用や、YouTubeなどでの活用も増えています。

さらに新型コロナウイルスの感染拡大により、テレワークやオンライン需要が増えたことで需要が高まり、二〇二〇年には単月ですが前年比で倍増したこともありました。

複合機の2019年世界市場シェア

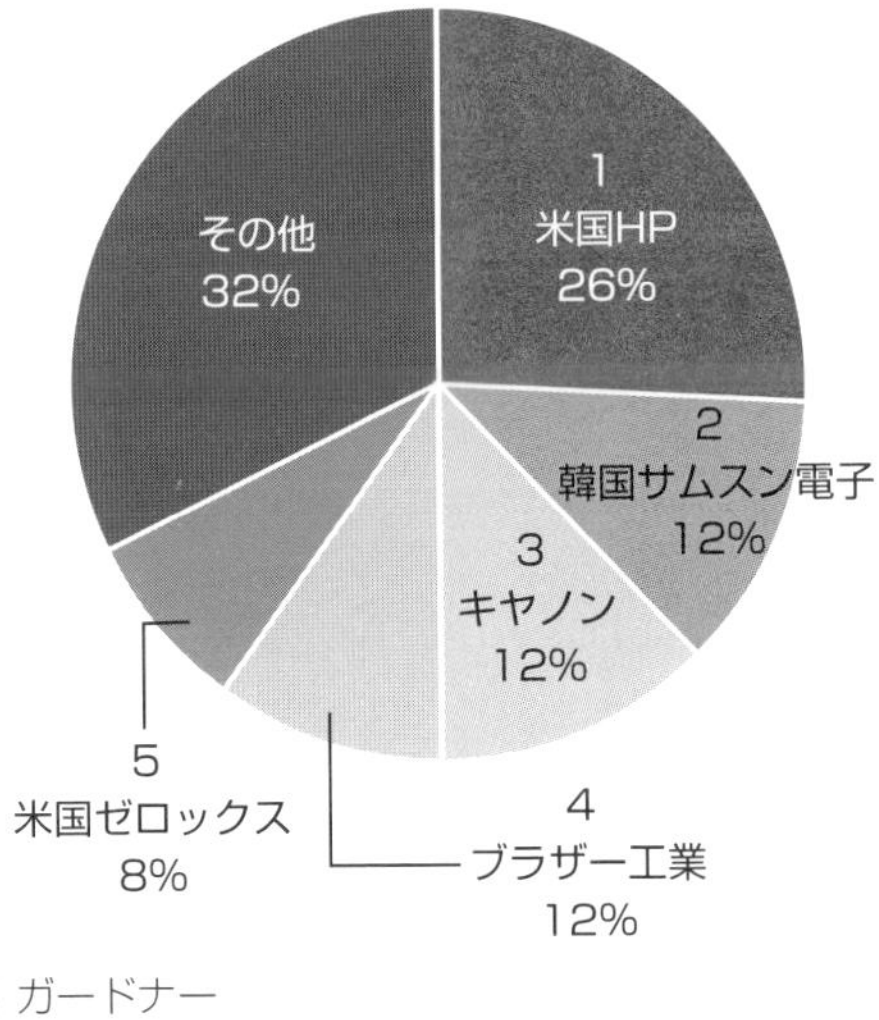

参考：ガードナー

パソコン周辺機器②

6 日本メーカーが強いプリンタ市場

代表的なパソコン周辺機器としてプリンタがあります。プリンタは印刷方式でいうとインクジェット式とレーザ式に大別されます。

プリンタの印刷方式

プリンタは個人用と法人用でそれぞれ用途が異なり、また得意とするメーカーも違います。印刷方式も複数あります。かつては熱転写式と呼ばれるタイプのものがありましたが、現在は**インクジェット方式**と**レーザ方式**が主流です。

インクジェット方式とは、圧力や熱によってインクを微粒子として射出するというもので、インクは液状のもの（染料系）と固体のもの（顔料系）があります。

レーザ方式は、帯電させた感光体にレーザを照射することでトナー（顔料粉末）を転写し、熱や圧力によって定着させる方式のことです。レーザ光源ではなくLED（発光ダイオード）を用いるものもあります。

レーザプリンタ、特にカラーレーザプリンタはかなり高価だったのですが、最近は値段も下がっており、一枚の印刷に関するコストもレーザとインクジェットにそれほど大きな違いはなくなってきました。

それでもやはり、一般家庭などで使われる個人用のプリンタはまだインクジェット方式のものが主流で、企業などが使う法人用複合機はレーザ方式が主体になっています。

家庭用プリンタ

家庭用プリンタについては、日本メーカーが国内はもちろん、世界で圧倒的なシェアを持っています。家庭用といっても、用途が家庭用に限定されているわけではないので小型のインクジェットプリンタというほうが正確ですが、小型インクジェットプリンタ市場においては、キヤノンとセイコーエプソンが二強で、ここ数年トップシェア争いをしています。

国内では二社ともに四割以上のシェアを持ち、この二社で国内インクジェットプリンタの九割近いシェアがあります。

プリンタの2019年世界市場シェア

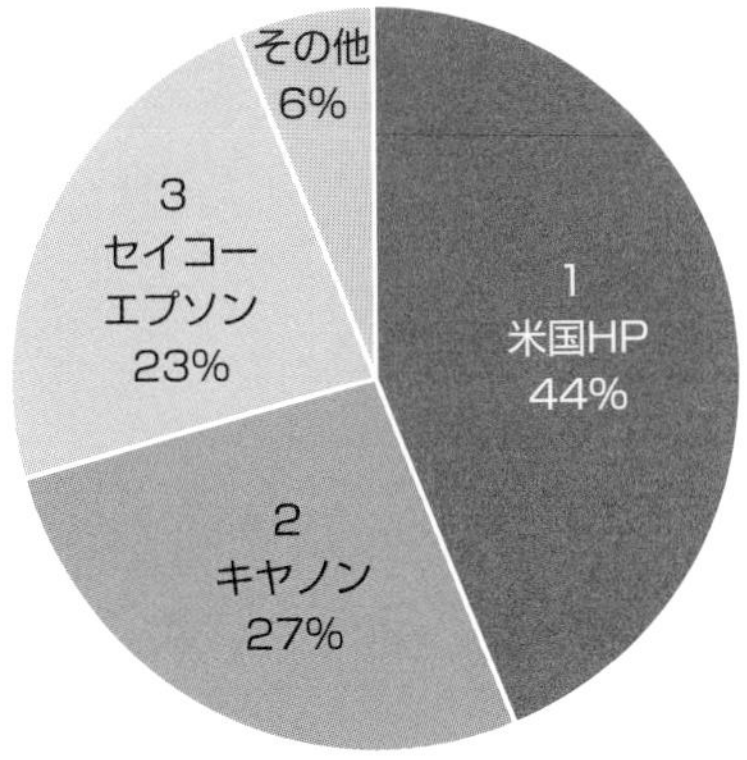

参考：ガードナー

価格競争もあってプリンタの価格は大きく下落していますが、キヤノンもセイコーエプソンもインクなど消耗品も販売しており、こうした消耗品で利益を確保しています。

しかし、本体価格を下げて消耗品（インク）の価格が割高なことには批判があります。また、純正品ではない消耗品が市場に出回っていることもあり、近年では大容量インクモデルがトレンドになってきています。

一方、世界のプリンタ市場だとトップは米国ＨＰとなり、四割以上のシェアがあります。

ちなみに世界市場でも日本の二強、キヤノンとセイコーエプソンはそれぞれ二割以上のシェアがあるので、世界シェアの九割はこの三社で押さえているということになります。国内、全世界ともに特定企業の独占マーケットであり、複合機とは異なる勢力図となっています。

ワンポイントコラム　今後は3Dプリンタの需要拡大も見込まれます。3Dプリンタは、パソコン周辺機器としてのプリンタとは用途もメーカーも違いますが、産業用としてもサンプル製作などでも需要が広がっています。

7 タブレット端末の市場と世界シェア

スマホとパソコンの双方の足りない点を補える製品として、タブレット端末の人気が高まっています。

タブレット端末のメリット

パソコン市場の成長が鈍化してしまった大きな要因の一つがスマホの台頭であることはいうまでもありません。ただ、スマホとパソコンではやはり処理能力に決定的な違いがあり、携帯性を選ぶか、機能性を選ぶかという点でニーズが異なります。

しかしその中間に位置するのが**タブレット端末**で、スマホとパソコンの双方の利点を兼ね備えているといっても過言ではないでしょう。

タブレット端末はスマホのようにポケットに入れるというわけにはいきませんが、バッグに入れてもかさばることが少なく、軽量のため、携帯性に優れます。少なくともビジネスパーソンであれば、携帯性は問題にならないでしょう。

また、パソコンと違って起動が速いため、素早く立ち上げることができます。出先や電車内でちょっとチェックしたいというニーズにも応えられるメリットがあります。

タブレット端末のOS

タブレット端末には複数のOS（基本ソフト）が存在します。パソコンにも複数のOSは存在するのですが、実際にはWindows（ウィンドウズ）が圧倒的主力であるため、そのバージョンが気になる程度です。一方、タブレット端末のOSにはもう少し多様性があります。

現在販売されているタブレット端末には、大きく分けて三種類のOSがあります。

「iPadOS（アイパッドオーエス）」「Androi

d（アンドロイド）」「Ｗｉｎｄｏｗｓ」です。

ｉＰａｄＯＳは、タブレット端末の先駆け的存在で現在も多くのシェアを占めるアップルの「ｉＰａｄ」シリーズに搭載されているＯＳです。同社のスマートフォン「ｉＰｈｏｎｅ」と同様、シンプルで直感的に使えるのが特徴です。タブレット端末を活用するうえで重要なアプリケーションも充実しています。

Ａｎｄｒｏｉｄはグーグルのもので、多くのメーカーが対応製品を出しています。グーグルの「Ｎｅｘｕｓ」は当然のことですが、アマゾンの「Ｋｉｎｄｌｅ　Ｆｉｒｅ」をはじめ、韓国サムスン、国内メーカーでもソニーや富士通はこのアンドロイド対応製品を投入しています。

また、マイクロソフトのＷｉｎｄｏｗｓはやはりパソコンのＯＳと同じなので、パソコン操作に慣れている人にとっては使いやすいというメリットがあります。他のタブレット端末用ＯＳに比べると独自のアプリケーションソフトは多いとはいえませんが、パソコンソフトの「Ｏｆｆｉｃｅ」などがそのまま使えるので、ビジネス使用に限定すれば支障はないでしょう。

海外勢が圧倒

タブレット端末は、価格的にもパソコンよりは導入が容易なものが多く、また在宅勤務や教育現場での導入も見込まれ、市場は堅調に推移すると見られています。

ただ残念ながら、国内メーカーは海外メーカーに圧倒されているのが現状です。

日系でも大手のソニー、富士通、ＮＥＣなどが製品を市場投入していますが、シェア上位は前出のアップル「ｉＰａｄ」、グーグル「Ｎｅｘｕｓ」、アマゾン「Ｋｉｎｄｌｅ　Ｆｉｒｅ」などが占めています。

日系企業の世界シェアはわずか一％程度と見られており、日本が出遅れている市場の一つです。

携帯電話、スマホ①

8 勢いを増す中国メーカーと社会の変化

世界のスマホ市場は、韓国サムスン電子がシェアトップですが、中国勢と米国アップルがこのあとを追います。こうしたなかで中国メーカーの機密保持問題が起きています。

世界のスマホ市場

米国IDCによれば、二〇一九年の世界のスマホ出荷台数は一三億七一〇〇万台でした。

世界のスマホ市場におけるシェアトップは韓国の**サムスン電子**で、一九年にはシェア二一・六%を占めています。二〇一八年は米国のアップルが二位でしたが、二〇一九年は中国の**ファーウェイ**（華為技術）がアップルを抜き、サムスン電子に次いで二位となっています。

四位と五位にも中国勢のシャオミ（小米科技）とOPPOが入っているため、中国勢が二位、四位、五位とトップ5のうち三社を占める形となっています。

アップルを抜いて二位になったファーウェイもですが、シャオミとOPPOもシェアを少しずつ増やしており、世界のスマホ市場では中国メーカーの勢いが止まりません。

中国メーカーへの疑念

二〇一九年という年は米中貿易摩擦が深刻化した年でもあります。ファーウェイなど中国メーカーについては、共産党支配のもとで機密保持に疑念があるとされ、警戒されています。国家の重要情報が漏洩《ろうえい》するリスクがあるという指摘です。

このため米国政府は、**5G**を利用した通信では中国勢、特にファーウェイを排除する方向にあり、世界的にもこれを追随する動きがあります。

しかし、次世代通信技術である5Gで、ファーウェイはすでに多くの特許を持っています。そのファーウェイを排除することは容易ではありません。

5Gについては第5章で細かく触れていますが、二〇二〇年は5G元年ともいわれる年となりました。スマホも確実に5Gの時代となるなか、中国メーカーの勢いがどこまで続くか、注目されています。

スマホの2019年世界市場シェア

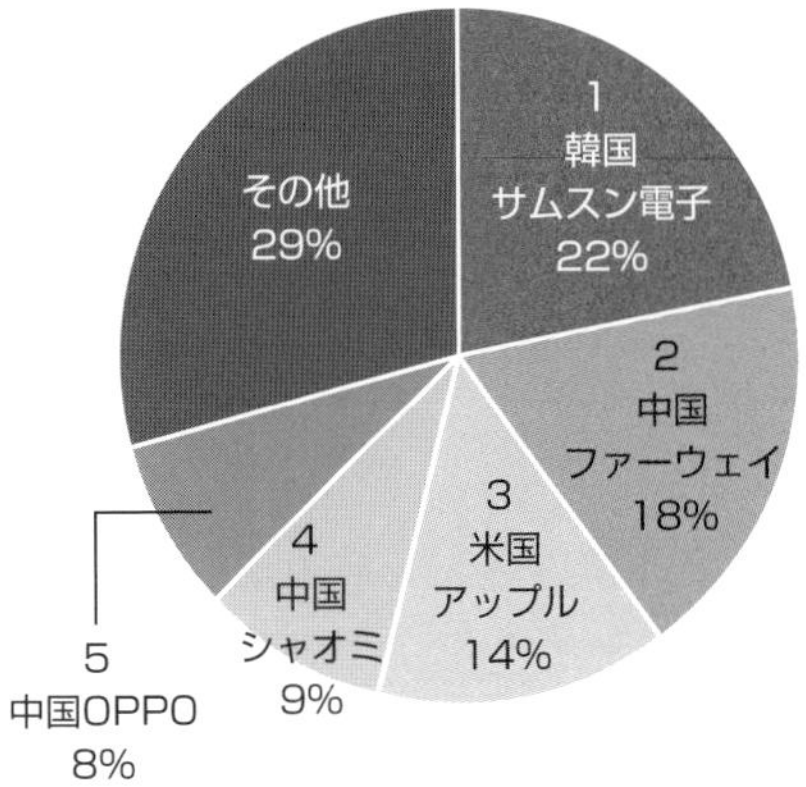

※出荷台数ベース
参考：International Data Group

コロナ禍の影響

一方、新型コロナウイルスの問題が二〇二〇年には発生しました。

中国武漢で始まった新型コロナウイルス感染症の流行に対して、中国への不信感は強まっており、そのことがスマホ市場における「ファーウェイなど中国勢排除」の動きとも微妙に絡み合っています。

また二〇二〇年はコロナ禍の影響から全体に経営環境が悪化したのですが、スマホ市場も例外ではなく、大きく減速しています。

これは景気全体の問題もありますが、中国勢が生産の主力を占めているなか、中国生産拠点が一時期工場閉鎖などに見舞われたことも影響しています。

コロナ禍の影響、景気回復、5Gの進展、中国への不信感。スマホ市場は、様々な問題が絡み合った状況になっています。

9

携帯電話、スマホ②

ガラパゴス化する国内市場

日本の携帯電話・スマホ市場は、世界とは異なった市場となっています。ガラパゴス化したマーケットになってしまっています。

独特な国内携帯電話市場

国内のスマホ市場は、世界とはまったく違う様相になっています。市場もそうですが、メーカーも同じです。前項の世界市場でトップ5に日本のメーカー名がなかったように、日本のスマホメーカーは世界では戦えていません。

もちろん、国内にスマホのメーカーがないわけではなく、京セラ、シャープ、ソニー(ソニーモバイルコミュニケーションズ)、富士通(富士通コネクテッドテクノロジーズ)などがスマホを手がけています。

これらの国内メーカーは国内を主戦場にしています。

しかし、国内市場は国内メーカーで独占しているか、というとそうではありません。

国内シェアのナンバーワンは米国アップルで「iPhone」が圧倒的シェアトップです。アップルは日本市場でのシェアトップを長年キープしています。

ちなみにアップルは世界市場では三位なのですが、日本ではトップで五割近いシェアを握り、首位をキープし続けているという構図になっています。

国内ではシャープがアップルに次ぎ、国内メーカーも一定のシェアを確保しています。また、海外では強い中国メーカーが日本国内においてはトップ5に入ってきていないというのも特徴です。日本市場は世界的にはやや特殊な構図になっています。

ガラパゴス化

日本の携帯電話市場を「ガラパゴス」と呼ぶのを一度

は耳にしたことがあると思います。そのように呼ばれるのは、もともと世界標準とは異なる独自の進化を遂げた日本の携帯電話のことを**ガラパゴス携帯**（**ガラケー**）と呼んだためです。

この呼び方は、外部との接触がなく、独自の生態系を築き上げて、珍しい動物などが多いガラパゴス諸島の名称に由来しています。こうした言葉が使われるようになったのは、日本の携帯電話が世界標準から外れた進化を遂げたためで、考えてみればずいぶんと自虐的な言い方です。

スマホの時代になったいまでは、日本で独自に発展した機能を実装したスマートフォンを指す言葉として、ガラパゴススマートフォン、ガラスマという言い方もあります。

おサイフケータイ、ワンセグ、赤外線通信などを備えた高機能スマートフォンのことを指します。

また高機能携帯電話は、**フィーチャーフォン**という言い方もされます。MM総研によると、二〇一九年の国内携帯電話の総出荷台数に占めるスマートフォン出荷台数比率は八八・八％で、フィーチャーフォンが一一・二％となっています。

日本の携帯電話メーカー、携帯電話市場は世界のなかで独特な存在になっています。

スマホの2019年国内市場シェア

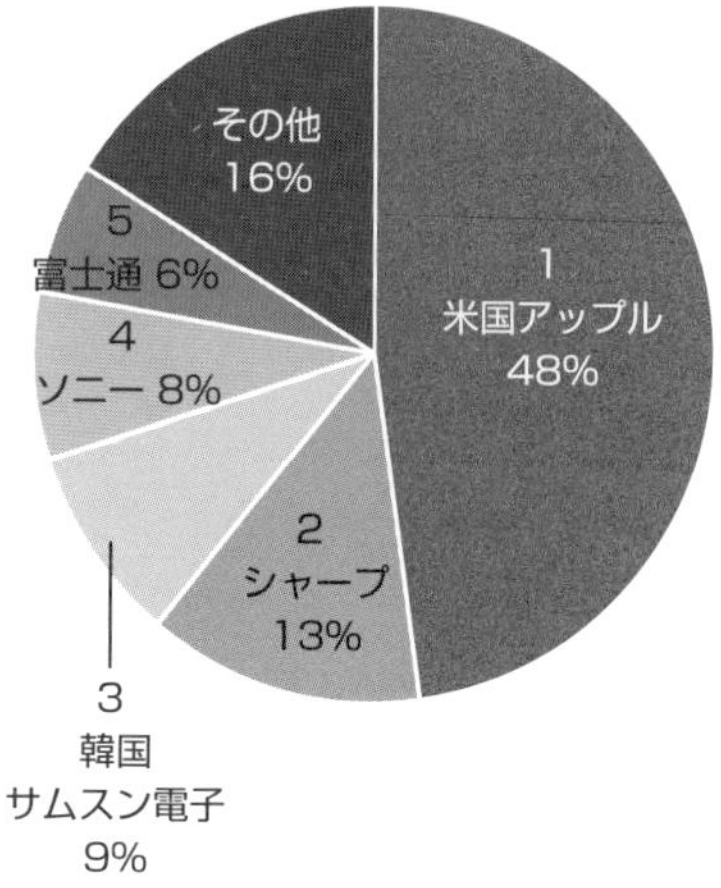

※出荷台数ベース
参考：MM総研

10 セキュリティ機器の市場と需要の増加

防犯・防災意識の高まりから、企業や施設だけでなく、個人向けにもセキュリティ機器市場は広がっています。認証システムでは体温センサ付き機器も導入されています。

セキュリティ機器

セキュリティ機器は多岐に及びます。最もポピュラーなのは**監視カメラ**や**ドアフォン**などについている映像機器です。

監視カメラはインフラとして街なか、あるいは商業施設などに配備されているものもありますが、防犯意識の高まりから、近年では一般家庭でも設置されているケースが増えてきています。

監視カメラだけでなく、家庭用では**ホームセキュリティ**という形で多くのセキュリティ製品があります。高齢者の在宅確認や子供の見守りサービスをするための位置情報端末、ペットのための室内カメラなど、ニーズに応じて多様化しています。

多くの自動車に搭載されるようになったドライブレコーダ、企業や施設における入退室管理システムなども、セキュリティ機器・システムといってよいでしょう。

入退室管理システム

入退室管理システムにも様々なものがあります。一般的なのはICチップを埋め込んだICカードを読み取るタイプのもので、これをパソコンネットワークなどで集中管理します。ほかにも、セキュリティのさらなる強化が必要な研究所などでは顔認証や指紋認証が用いられることもあります。また新型コロナウイルスの感染拡大などを契機に、入退室管理システムに体温の計測センサなどを組み込んだタイプのものも市場投入されてきています。入退室者を認識するだけでなく、

ワンポイントコラム 入退室管理システムの需要は広がると期待されています。指紋認証は指紋がすり減っていると精度が落ちること、顔認証はマスク着用時の認証などが課題となっています。こうしたなかで瞳の虹彩認証が注目されています。

その人の健康状態まで把握することで、さらにセキュリティを強化しようという考え方です。

顔認証システム

顔認証システムについては、入退室の管理だけでなく、さらに踏み込んだ用途展開も始まっています。

例えば、海外では税関で各人の顔認証を行い、電子パスポートのマイクロチップに記録されている画像と比較、パスポート所持者が本人であることを確認する方式がすでに実用化されています。

また、アメリカでは施設への入場者のなかに犯罪履歴のある人が含まれていないかを顔認証システムでチェックしているところもあります。

国内でも大手書店チェーンにおいて、顔認識システムを使った万引き防止システムが導入されています。過去に万引きした客の顔データをデータベースに登録し、来店すれば検知するというものです。

肖像権やプライバシーの侵害防止など、今後さらに普及するには課題もありますが、技術的には多くのセキュリティ強化手法が可能になっています。

セキュリティ機器の例

用途	製品
施設・企業	入退室管理システム（非接触カード方式、指紋認証方式、顔認証方式、静脈認証方式）、セキュリティIDカード
自動車	ドライブレコーダ、盗難防止装置、オートドアロック（スマートキー）
一般家庭	防犯ロック、テレビドアホン、ホームセキュリティユニット、高齢者安否確認システム、緊急通報サービス、児童登下校見守りサービス
災害・防災関連	火災報知器、ガス漏れ警報器
全般	監視カメラ（ネットワークカメラ、アナログカメラ）、監視カメラ付属装置（画像録画・伝送装置）、監視カメラシステム

11 市場が拡大する監視カメラ

監視カメラはセキュリティ機器の代表的な存在です。近年ではAI(人工知能)を活用したマーケティングなどへの積極展開も提案され、市場は拡大傾向です。

監視カメラの役割

監視カメラは、従来からのモニタリングによる監視、セキュリティ機器としての役割に加えて、近年はマーケティング目的などにも活用されています。監視カメラで撮られた映像を、AI(人工知能)などを活用して画像解析して、マーケティングに利用するというものです。

多くのエレクトロニクス製品がそうなのですが、単体販売ではメーカーサイドも利益が薄いので、監視カメラを売るだけでなく、監視カメラで撮影されたデータをいかに活かしていくかという提案をすることで、ビジネス拡大に結び付けています。

また新型コロナウイルス感染拡大以降は、既存の監視カメラシステムに温度センサを組み込むという動きも出ており、新たな役割が生まれています。

監視カメラの構造

監視カメラは形状からいうと、一般家庭で玄関先などによく設置されている箱型のものと、施設などで天井に設置されているドーム型のものがあります。またこれらの複合タイプのものもあります。

自動車のドライブレコーダなどで撮られた映像はICチップに保存されますが、記憶容量の制約もあるので、施設などでは録画装置を別に確保して、場合によってはモニタでリアルタイムのモニタリングもできるという形になります。

カメラ本体には、IP(ネットワーク)カメラとアナ

ワンポイントコラム

英国の調査会社の調査によると、人口で割った監視カメラ台数が多い都市の世界トップ10で、実に10都市のうち8都市が中国となっています。共産党による監視国家という印象が裏付けされます。世界市場の6割を中国が占めるのも納得です。

ログカメラがあります。ＩＰカメラとは、単独でインターネットに接続して使用することが可能なカメラです。アナログカメラは、ケーブルなどによって録画装置やモニタに接続して使うものです。

当然ながらアナログタイプのほうが安価ですが、市場はやはり、アナログカメラからＩＰカメラへのシフトが進んでいます。総じてアナログカメラタイプは縮小傾向にありますが、ＩＰカメラタイプは大きく伸びています。監視カメラ全体では拡大傾向にあります。

監視カメラの市場規模とシェア

監視カメラの市場規模は、関連機器・システムをどこまで加えるかということで数字が大きく異なります。

テクノ・システム・リサーチの調査では、二〇一九年の世界での監視カメラの出荷台数は前年比一九・四％増の一億一〇四七万台だったとしますが、矢野経済研究所によると前年比二〇・〇％増の六四八〇万台となっています。対象機器の違いと思われますが、いずれにしても前年比では二割の伸びを示しており、市場規模は拡大しています。

また、監視カメラの市場規模は中国市場が圧倒的に大きく、矢野経済研究所によると世界市場の六割を中国市場が占めているとされます。

テクノ・システム・リサーチの調査でも、シェア上位は中国メーカーが占めており、販売市場も、そして製造するメーカーも、ともに中国が大きな位置を占めています。

監視カメラの2019年世界市場シェア

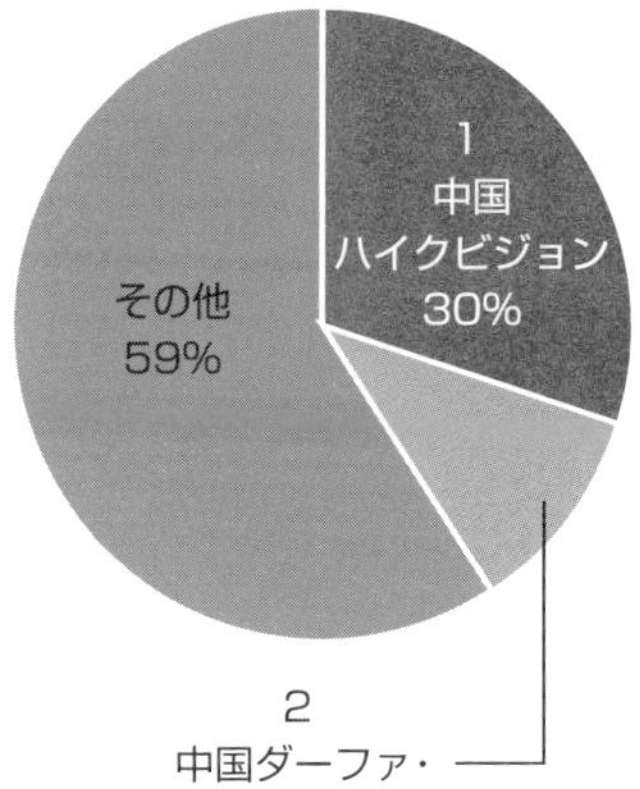

※出荷台数ベース
出典：テクノ・システム・リサーチ

医療機器①

12 多様な製品と広がる市場

医療機器は、極めて高度な技術が組み込まれたMRIや超音波画像診断装置などのほか、レントゲン装置や透析装置など多くの種類があります。

医療機器の種類

医療機器といっても様々です。病院で医療行為として使われる医療機器だけでも、MRI(磁気共鳴画像診断装置)や超音波画像診断装置などから、レントゲン装置、透析装置、測定器、内視鏡システムなどまで、多くの種類があります。これらほぼすべての製品に電子部品が組み込まれており、いずれも高度なエレクトロニクス製品といえます。

一方、医療機器でも高度なエレクトロニクス製品とはいえないものもあります。

一般家庭でも使われているような電子血圧計、体温計、体重計などです。これらは厳密には医療機器とは区別され、**ヘルスケア機器**(健康機器)ともいわれます。

また、近年ではヘルスケア機器から派生した形の美容機器もあります。美容機器市場でも超音波などを用いているものがあり、エレクトロニクス製品が少なくありません。

拡大する医療機器市場

高齢化社会の進展、さらに健康意識や美容意識の高まりもあって、医療機器および関連市場は確実に拡大している状況です。

国内でも多くの電子機器メーカーが医療機器事業に取り組んでおり、専業メーカーも少なくありません。市場規模が拡大していることもあり、医療機器事業にシフトするメーカーは次第に増えているのが現状です。

ワンポイントコラム

エレクトロニクスメーカーが医療機器事業を強化する動きは相次いでいます。富士フイルムやキヤノンが注力しているほか、オリンパスはデジタルカメラなど映像事業から撤退して医療機器に軸足を移すことを決めています。

医療用エレクトロニクス機器を手がける主なメーカー

社名	医療機器事業での主な製品内容
エー・アンド・デイ	医療用デジタルはかり、血圧計。家庭用と業務用の双方を手がけている
オムロン	体温計、血圧計、低周波治療器、補聴器、マッサージ機器など
オリンパス	内視鏡で世界トップシェア。映像事業から撤退するなど医療事業を強化
キヤノン	MRI、CT 装置など。東芝の医療機器事業を買収してキヤノンメディカルシステムズとして運営
コニカミノルタ	X線画像診断システム、超音波画像診断装置など大型医療機器
GE ヘルスケア・ジャパン	GE の子会社で、横河電機も出資。国内で生産も手がける。CT 装置、MR 装置、超音波画像診断装置など
シスメックス	検体検査用機器・試薬で高シェア。医療用ロボットも展開
島津製作所	X 線システムや撮影システムなど医用画像診断機器。コロナ診断キットも
タニタ	非上場だが大手。家庭用体重計、血圧計、体内脂肪計などヘルスケア機器
テルモ	カテーテルやステントなど心臓血管領域に強み。再生医療分野にも展開
ニデック	レーザ手術関連機器、眼科用検査機器など眼科用医療機器
ニプロ	透析治療関連、人工心肺など。特に人工透析装置に強み。注射針やカテーテルも
日本光電工業	脳神経機器・生体情報モニタ。新型コロナ感染拡大では人工呼吸器に注力
フクダ電子	ペースメーカー、心電計、超音波画像診断装置。在宅医療機器に強み
リオン	補聴器、オージオメータなど医用検査機器、耳鼻咽喉科向けの検査関連機器

※子会社で手がけているものも親会社で表記
作成：クリアリーフ総研

13

医療機器②

日系企業が競争力を持つ診断系

医療機器市場は高齢化社会のなかで拡大しています。診断系、治療系などがありますが、特に高度なエレクトロニクス技術を用いた診断系では、日系企業も世界で一定のシェアがあります。

医療機器の種類

医療機器市場は高齢化社会のなかで拡大しています。左ページの上のグラフは経済産業省の二〇一七年末のデータで、少し古いのですが、一九年末のＪＥＩＴＡの資料でも医用電子機器市場は伸びているので、同様の傾向が続いていると見てよいでしょう。

ただ二〇二〇年については、コロナ禍の影響で医療機関も新しい設備投資ができない状況だったので、伸び悩んでいます。それでも市場が今後縮小することは考えにくく、製品のトレンドは変わるかもしれませんが、右肩上がりの傾向が続くでしょう。

医療機器の種類

医療機器は大きく分類すると、診断系と治療系とその他に分かれます。

診断系は、Ｘ線画像診断装置、ＭＲＩ（磁気共鳴画像診断装置）、超音波画像診断装置、ＣＴ装置など高度な技術力を必要とする装置が多いです。

一方、治療系はカテーテルなど処置用機器や、生体機能補助・代行機器など、どちらかというとエレクトロニクス機器からは少し離れたものが中身です。

また、その他には歯科用機器、眼科用機器、家庭用機器などが入ります。

エレクトロニクス技術が多く使用される診断系の医療機器において、日系企業は高い競争力を持っています。超音波画像診断装置、ＭＲＩ、ＣＴ装置でいずれも日系企業は世界で三割程度のシェアを持っています。

日本の医療機器の市場規模の推移

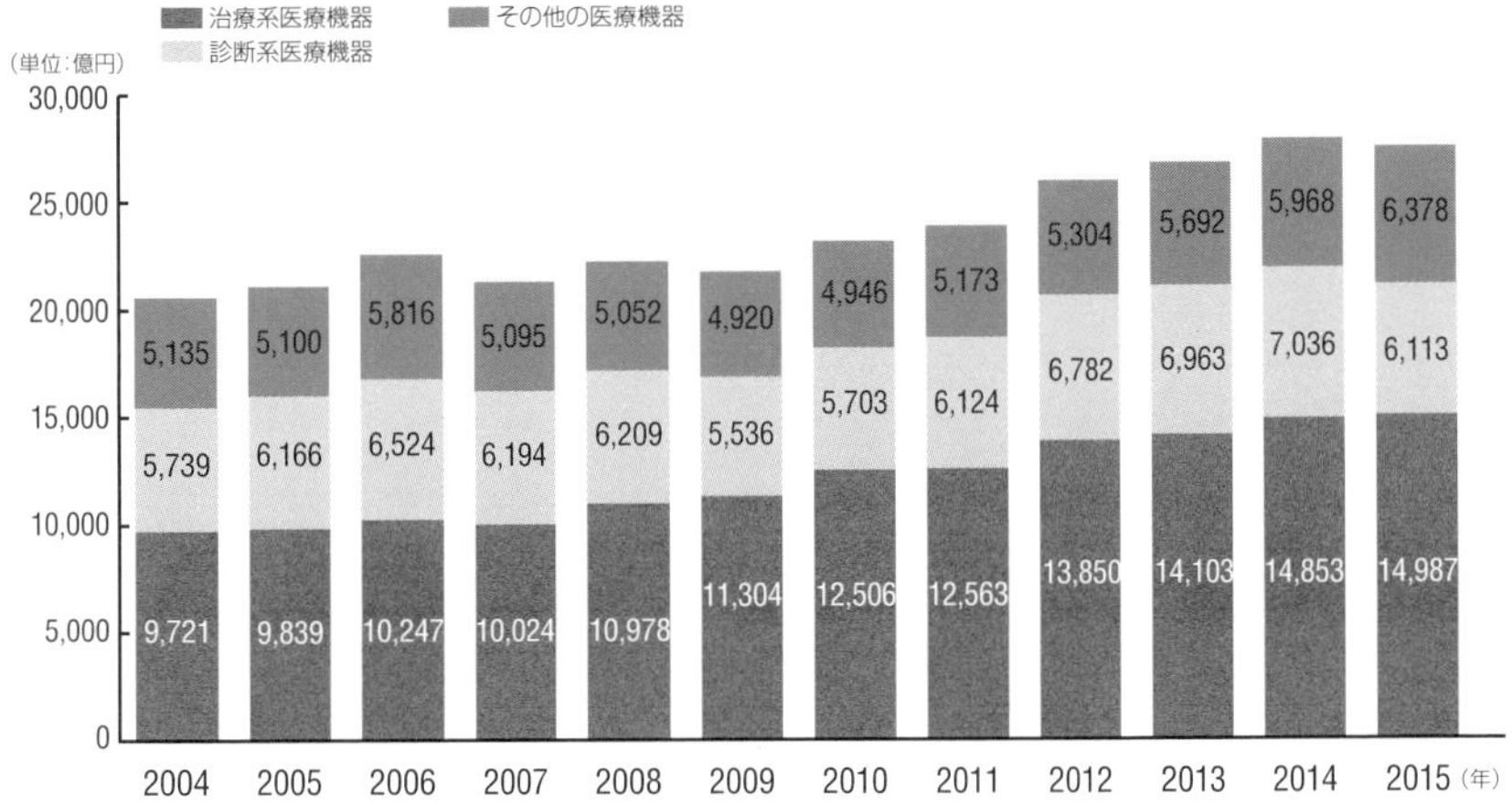

出典：厚生労働省 薬事工業生産動態統計

主な医療機器の日系・外資系企業の世界シェアと世界市場規模（2015年）

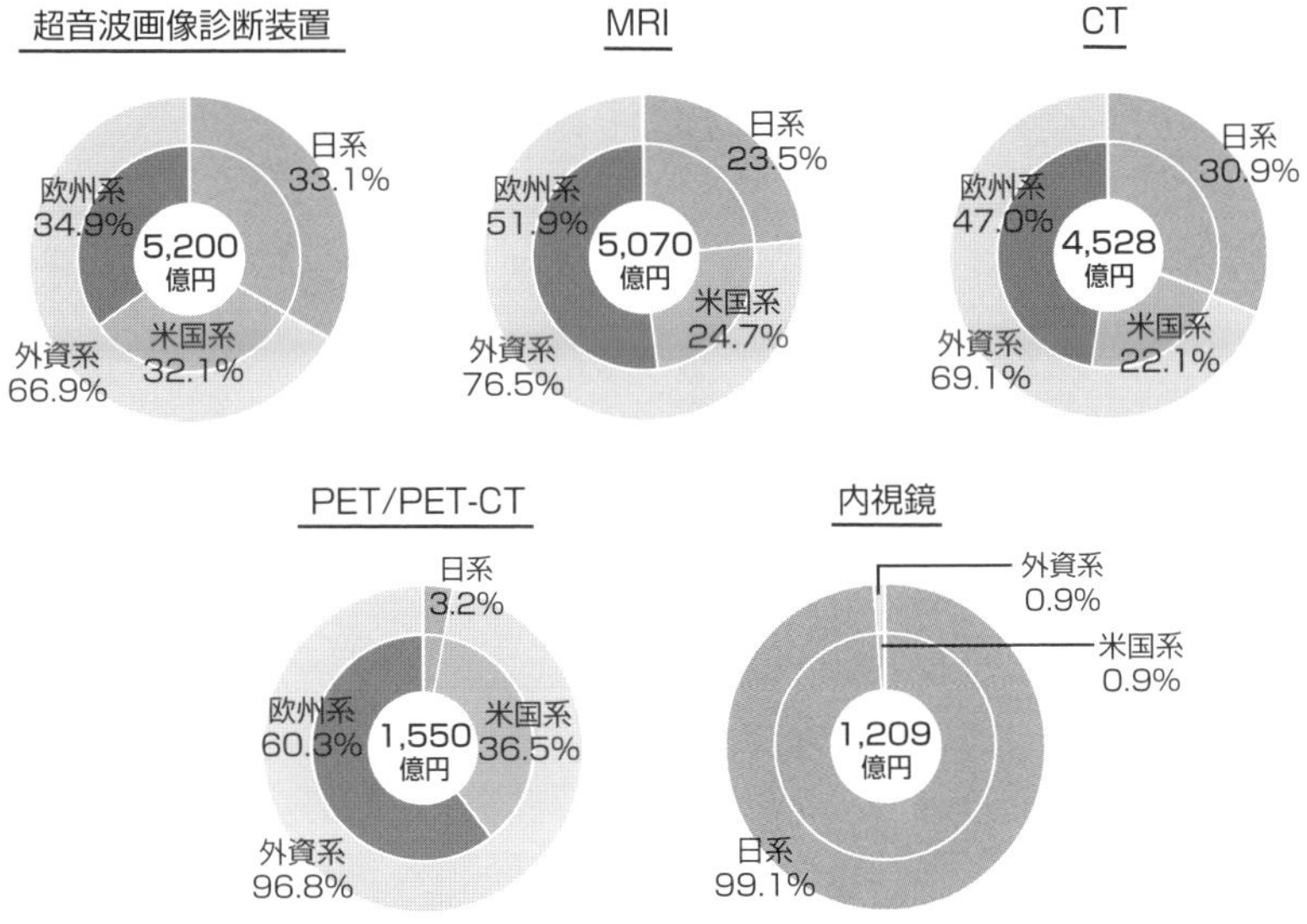

出典：平成 28 年度 日本企業のモノとサービス・ソフトウェアの国際競争ポジションに関する情報収集(NEDO)(2017 年 3 月)をもとに経済産業省が作成

14 ヘルスケア機器の市場と広がる需要

医療機器市場と隣接する形になりますが、個人ユーザーをターゲットとした医療機器としてヘルスケア機器があります。高齢化社会の時代を迎えて市場は拡大しています。

ヘルスケア市場の変化

広義では医療機器のカテゴリーに入りますが、病院などで使用される医療機器とは販路が異なる製品として、個人用のヘルスケア機器市場があります。

体重計や血圧計などは一般的なヘルスケア機器ですが、健康志向の高まりのなかで、体重計も最近では体脂肪が測定できるものや、データが蓄積されるものが主流です。

さらにヘルスケア機器ビジネスとして最近注目されているのは、パソコンやスマホ、タブレット端末との連動です。社会の**IoT***化については別項で改めて触れますが、ヘルスケア機器においてもIoT化が始まっています。

スマートウォッチ

IoT化されたヘルスケア機器として代表的なのは**スマートウォッチ**です。スマートウォッチは、時計としての機能やスマホとの連動機能もありますが、心拍数や歩数などのバイタルデータを計測でき、ヘルスケアやトレーニングでの活用で市場が伸びています。

スマホでも歩数計機能はついていますが、ジョギングなどの際には持ち運びが面倒です。スマホと連動する機能があるスマートウォッチをつけて運動をするニーズが広がっています。

腕時計タイプのスマートウォッチだけでなく、スマート衣料として健康管理を行うという動きもあります。

さらに新型コロナウイルスの感染拡大後は、オンラ

用語解説
* **IoT**　Internet of Thingsの略。日本語では「モノのインターネット」と呼ばれる。様々な物がインターネットにつながることによって、相互に制御できるようになる仕組みのこと。

インでヘルスケアを受けるという需要も生まれました。コロナ禍がきっかけですが、過疎地域などでは医療体制が不十分なこともあり、今後、オンライン診療の整備はさらに進むと思われます。

診療からさらに踏み込んで、日ごろからデータを集めて積極的な健康管理を行政的に行うという動きも出ています。

政策として支援されるヘルスケア事業

社会の高齢化が急速に進むなかで、産業としてもヘルスケアビジネスのニーズは広がっています。加えて国策として支援されていくことも、市場拡大を後押しします。

医療費の拡大が財政を圧迫するため、国が政策としてヘルスケア機器事業の普及を促しているのです。積極的にヘルスケア産業を促進することで、結果的には医療費の抑制につながるという考え方です。

地方行政レベルでは個別に多くの取り組みが始まっており、こうした動きが今後ヘルスケア市場の拡大を支えると思われます。

ヘルスケア機器活用のイメージ

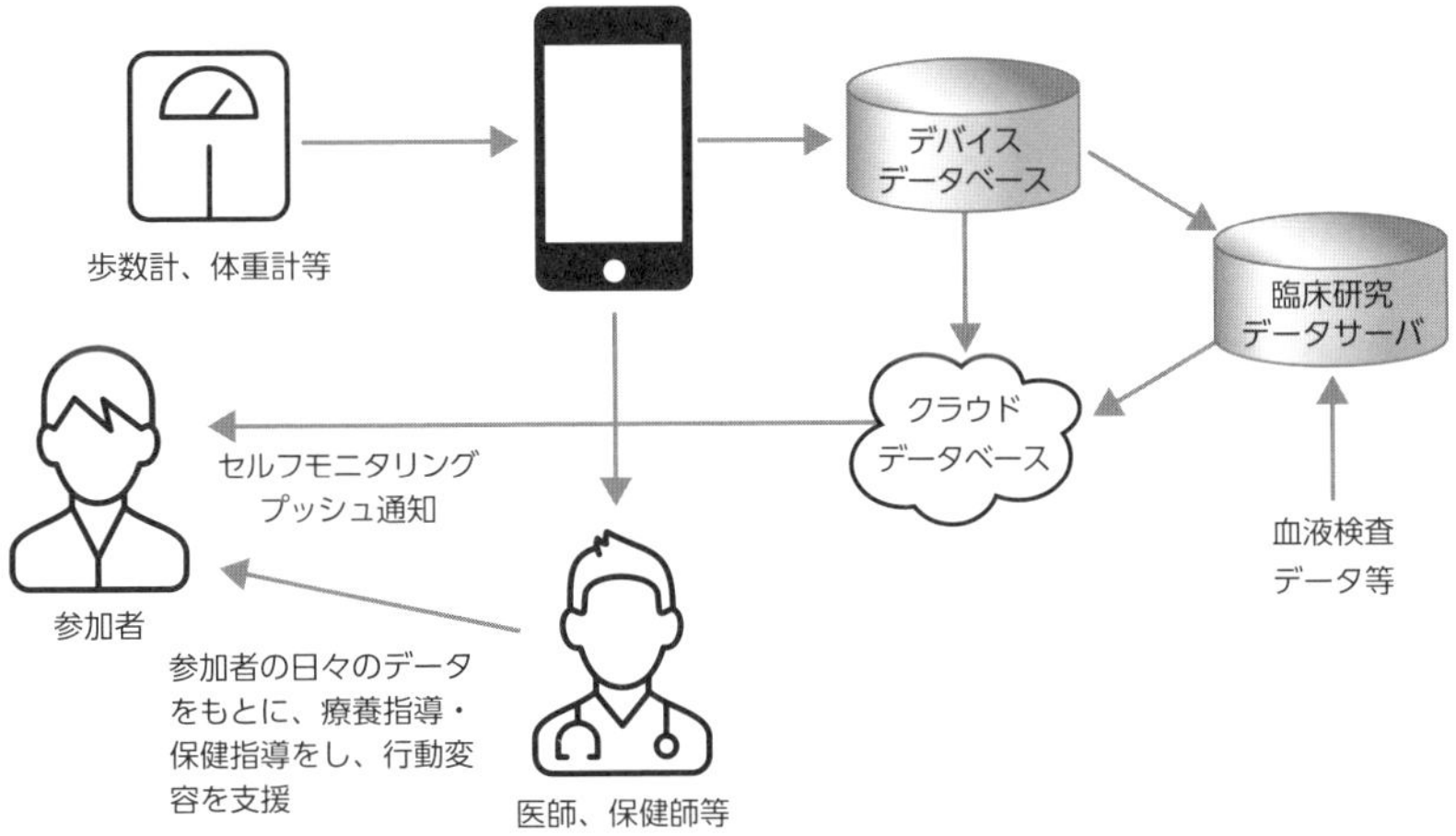

参考：経済産業省

15

半導体製造装置①

装置メーカーと製造工程

社会を支える半導体を作るのが半導体製造装置です。半導体製造には多くの工程があり、その工程ごとに専用の装置があります。

半導体製造装置とは

半導体はエレクトロニクス市場の中心的存在です。あらゆるエレクトロニクス製品に半導体が搭載されていることはいうまでもありません。

半導体製造装置はその半導体を作る機械です。半導体を作るためだけの専用の装置です。半導体を作る工程は細分化されており、その工程ごとに専用の装置が必要です。

一般的には前工程と後工程という言い方をしますが、その前工程と後工程のそれぞれにいくつかの工程(プロセス)があり、そのすべてに専用機があります。

複数の工程を手がけているメーカーもありますが、基本的には工程ごとに専用の装置メーカーが存在します。

半導体が作られる工程

前工程は、まずは**ウエハ**＊と呼ばれるベースとなるものの製造から始まります。通常はシリコンの塊(かたまり)などを延ばして棒状の**インゴット**と呼ばれるものにします。これを一枚ずつ薄くスライシングして半導体ウエハができます。このウエハに、半導体回路を描画してパターンを形成します。この段階では丸い円盤状のウエハに何枚もの半導体回路ができていることになります。当然ですが、ウエハは大きく、少しでも多くの半導体を作れることが効率化につながります。

ここからは後工程になります。後工程では半導体を一枚ずつ切り出して完成品化させる作業が始まります。切断したあとはリードフレーム(金属製の薄板)に

用語解説

＊ウエハ　半導体集積回路製造の材料のこと。薄くスライスした円盤状の板の形状をしている。

半導体製造の工程（半導体が作られるまで）

前工程

工程	中身	使用される装置名
回路設計	半導体の回路設計をする	
半導体材料製造	シリコンなど半導体材料となる物質を棒状(インゴット）にしてそれを切断、研磨し、さらにレジストという感光材を塗布する	半導体ウエハ製造装置(インゴット引き上げ、切断、レジスト塗布装置など）
パターン形成	回路パターンをウエハと呼ばれる原材料に焼き付けて描画する。ウエハ上にネガのようなものができる	露光装置
エッチング	エッチングという作業で不要な部分の酸化膜を取り除く	エッチング装置
酸化、拡散、イオン注入	ウエハにイオン注入や高温拡散を行うと、酸化膜のないシリコン部分だけが半導体になる	イオン注入装置、スパッタリング装置、CVD 装置など
平坦化	ウエハの表面を研磨して平坦化する	CMP 装置

後工程

工程	中身	使用される装置名
半導体切断	回路が形成された半導体が多数含まれるウエハを、1 つずつ切り出す	半導体ウエハダイシング装置
マウンティング	チップをリードフレームに固定する	ワイヤボンディング装置
モールド	半導体が傷付かないように、モールド樹脂やセラミックで上から固める	モールディング装置
半導体検査	バーンイン（温度電圧試験）などによって半導体の製品検査・信頼性検査を行う	バーンイン装置、 半導体検査装置

ウエハのイメージ

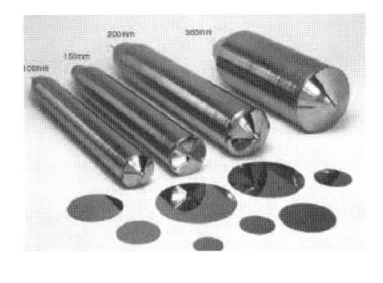

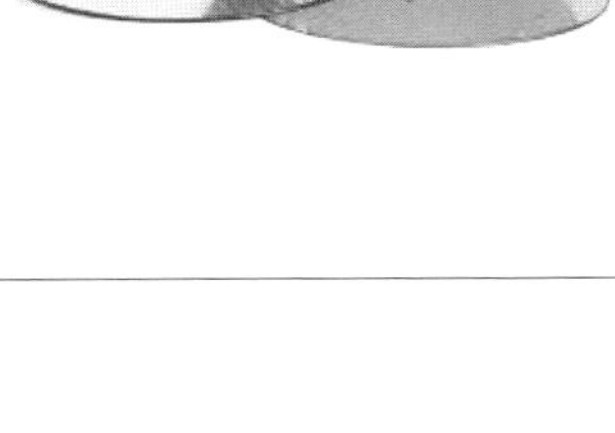

固定し、さらに樹脂で固めるモールド加工を行います。

半導体製造装置②

16 国内外の市場と動向

半導体製造装置の世界市場規模と日本の市場規模、さらに日本製装置の市場規模はどのくらいあるのか、どのように推移しているのかを見ていきます。

半導体製造装置の市場規模

日本半導体製造装置協会（ＳＥＡＪ）の集計では、二〇一九年の年計（一～一二月）における世界全体の半導体製造装置販売額は、前年比七％減の五九七億五〇〇〇万ドルだったとしています。一方、このうち日本市場単独のドルベースでの一九年の年計額は、前年比三四％減と大きく減少、六二億七〇〇〇万ドルでした。世界市場合計では、一七年、一八年とも二年連続で最高額を更新するなど活況が続いていましたが、一九年はマイナスとなりました。日本市場については減少幅が大きくなっていますが、日本製の輸出を含めた半導体製造装置については、そこまで大きなマイナスとはなっていません。円ベースになりますが、一九年の日本製半導体製造装置（国内向け日系企業製造装置と海外向け日系企業製造装置の合算）は、前年比で九％減の二兆七三〇億円だったとしています。

中期的に成長を見込む

二〇一九年は、米中貿易摩擦によって半導体投資が抑制され、全体にマイナス基調となりました。

二〇二〇年は年初から新型コロナウイルスの感染拡大に見舞われ市況が一転、世界的に厳しい経営環境となっています。しかしＳＥＡＪでは、二〇二〇年夏の時点で多少の振幅はあっても、半導体製造装置市場は中期的に拡大するという見通しを示しています。

５Ｇ投資などを中心に半導体投資は緩むことなく続き、回復基調を取り戻すという見方です。

ワンポイントコラム
半導体製造装置の需要は、当然ながら半導体需要に連動するのですが、装置の製造には時間がかかるため、先行投資など需要の波には半導体需要とタイムラグが生じます。

日本製装置の販売高予測

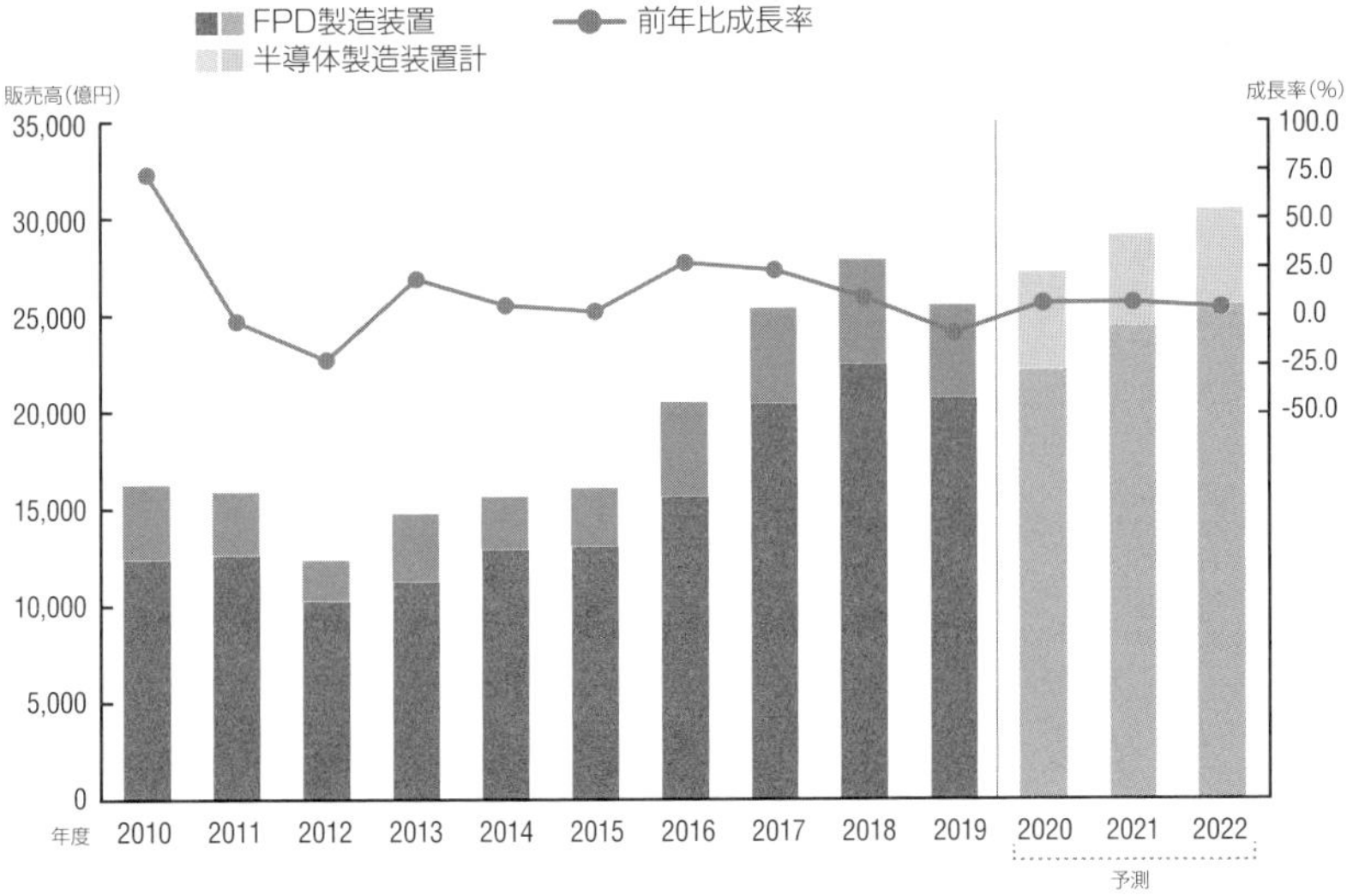

日本市場での販売高予測

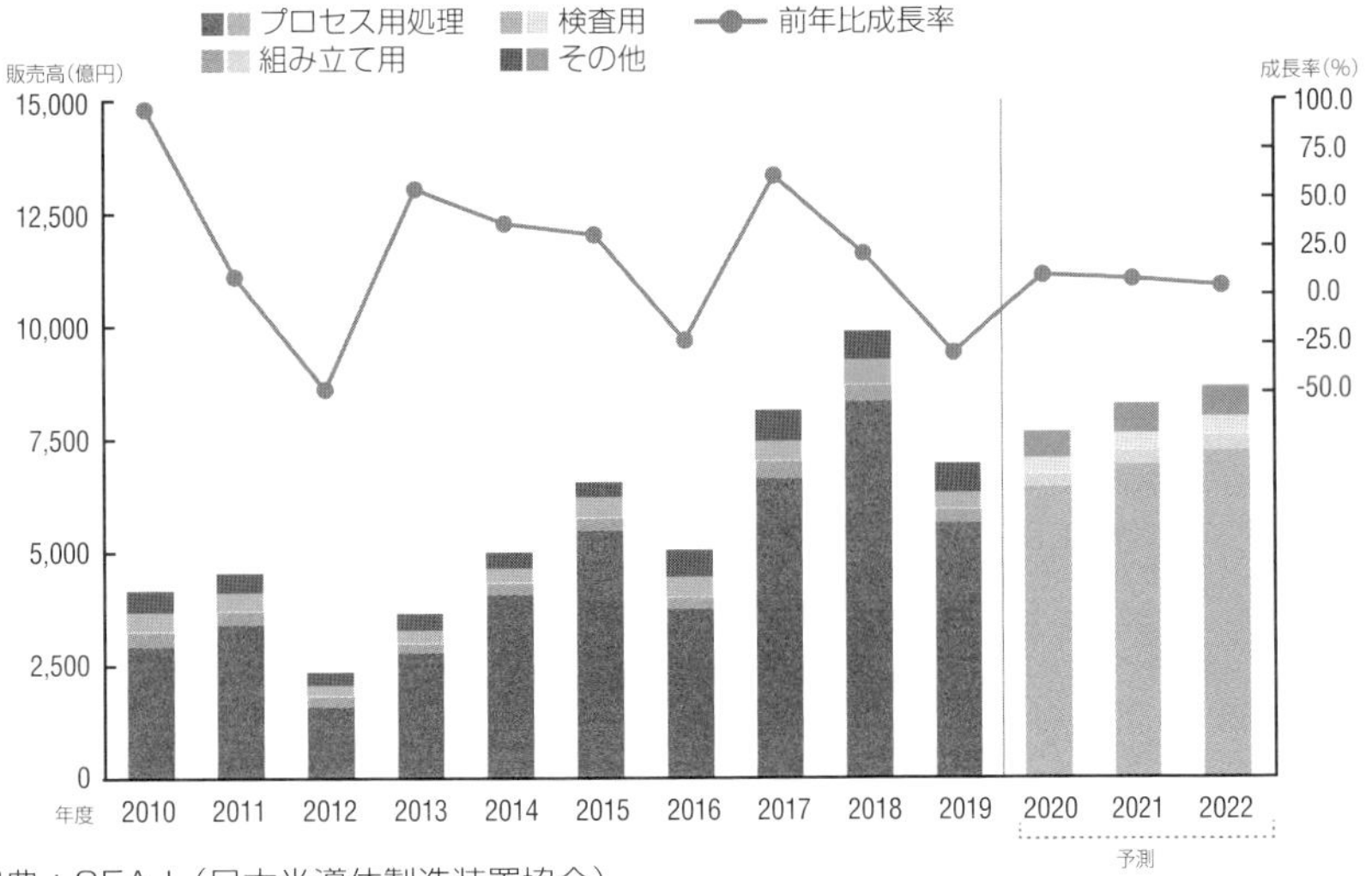

出典：SEAJ（日本半導体製造装置協会）

17

高いシェアを持つ日本メーカー

半導体製造装置③

半導体製造装置市場では、日本のメーカーが強みを発揮しています。東京エレクトロンなど大手がシェア上位に位置しています。

半導体製造装置メーカー

前項まで述べてきたように、半導体製造装置は工程ごとに細分化されているので、実際には得意分野がそれぞれ異なります。日本の企業はそれぞれの工程にメーカーがあり、また世界的にもシェア上位を占めているところが多くあります。

米国調査会社のVLSIリサーチによると、二〇一九年の半導体製造装置全体での上位一五社の売上総額は、前年比四%減の六四〇億五〇〇〇万ドルで、前年比では微減でした。これにはアフターサービスなども入っていますが、同社の集計だと一九年は前出のSEAJによる集計結果(全体で七%減)よりは若干落ち込みが少なくなっています。

三位の**東京エレクトロン**と四位の米国ラムリサーチはほとんど差がなく、集計によってはここが入れ替わっている場合もありますが、シェアトップの米国**アプライドマテリアルズ**とオランダ**ASML**のトップ2は、このところ不動です。

国内の半導体製造装置メーカー

トップ一五社にランクインしたメーカーのうち、日本企業は八社入っています。半導体製造装置そのものよりも周辺装置としてランクインしているところもありますが、ともかく日本企業は強さを発揮しています。

三位に入った東京エレクトロンは、いうまでもなく半導体製造装置の国内最大手です。東京エレクトロンについては第4章7項でも触れています。

ほかには六位にアドバンテスト、七位SCREEN（SCREENホールディングス）、九位に日立ハイテク（前社名・日立ハイテクノロジーズ）、一一位にニコン、一二位にKOKUSAI ELECTRIC（旧・日立国際電気）、一三位にダイフク、一五位にキヤノンが入っています。

再編

一時期、東京エレクトロンと世界最大手の米国アプライドマテリアルズに経営統合の話が持ち上がるなど、この業界も再編の動きが多いのが特徴です。

先ほどのトップ一五に入っている国内メーカーだけを見ても、日立ハイテクは、もともと日立ハイテクノロジーズとして株式を上場していましたが、日立製作所がTOB（株式公開買い付け）を実施して子会社化して上場を廃止、二〇二〇年に社名を変えています。

KOKUSAI ELECTRICも、もともとは日立国際電気として上場していました。二〇一八年に投資ファンドの傘下に入り、半導体製造装置部門だけを切り出した会社がKOKUSAI ELECTRICです。

半導体製造装置の世界市場上位15社

（2019年・単位百万ドル・増減率%、アフターサービスを含む）

順位	国	メーカー名	売上高	前年比
1	米国	アプライドマテリアルズ	13,468	-3.9
2	オランダ	ASML	12,770	-0.4
3	日本	東京エレクトロン	9,552	-12.5
4	米国	ラムリサーチ	9,549	-12.2
5	米国	KLAテンコール	4,665	10
6	日本	アドバンテスト	2,470	-4
7	日本	SCREEN	2,200	-1.2
8	米国	テラダイン	1,553	4.1
9	日本	日立ハイテク	1,533	9.3
10	オランダ	ASMインターナショナル	1,261	27.2
11	日本	ニコン	1,200	117.8
12	日本	KOKUSAI ELECTRIC	1,137	-23.5
13	日本	ダイフク	1,107	13.9
14	中国	ASMパシフィック	894	-24.3
15	日本	キヤノン	692	-9.5

出典：米国VLSIリサーチ社

半導体①

多様化する役割と基本構造

18

家電、カメラ、固定電話など多くの身の回りの製品が半導体によって進化を遂げてきました。半導体はわれわれの社会を変貌させ、いまなお進化を続けています。

半導体の重要性

半導体の重要性については、改めて述べるまでもないかと思います。エレクトロニクスの中枢部品として、半導体はありとあらゆるものに搭載されており、今後その重要度は増えることはあっても、減ることはあり得ません。

半導体は、家電をデジタル家電の領域に進化させ、ブラウン管テレビを薄型テレビに、フィルムカメラをデジタルカメラに、固定電話を携帯電話(スマホ)に、それぞれ進化させてきました。

さらに半導体は、いまでは自動車の自動運転化を実現させようとしています。製品の進化だけではありません。半導体は、物流も、製造ラインも、システムも、さらには街づくりなどインフラまで変化させています。今後すべてのものがインターネットにつながるIoT化が進むと、半導体の役割はさらに大きなものになります。

半導体の基本構造

そもそも半導体とは何なのかというと、きちんと説明できる人は意外に少ないかもしれません。

あらゆる物質は、電子を通す「導体」と電子を通さない「絶縁体」、そしてある条件によって電子を通す「半導体」に分かれます。半導体は導体と絶縁体の中間的な性質を持つといってよいでしょう。

半導体には、その構造によって**n型半導体**(negative semiconductor)と、**p型半導体**(positive semiconductor)

があります。

代表的な半導体材料にはシリコン（Si）やゲルマニウム（Ge）があります。

純粋なシリコンやゲルマニウムの性質は絶縁体に近く、電圧をかけても電気はほとんど流れません。結晶のなかの電子が固く結合しているため、自由に動き回れる電子はごくわずかしかないからです。

しかし、そこに電子を余計に持った不純物を加えると、導体のような性質に変化します。結晶のなかを自由に動き回る電子ができるからです。

この電子を余計に持った不純物が含まれるものがn型半導体で、逆に電子の少ない不純物が入ったものがp型半導体です。n型とp型を接合させることで（pn接合）、電界の向きによって電気が流れたり流れなかったりする「整流作用」が現れます。

これらの性質が、ダイオードやトランジスタをはじめとする各種の半導体素子で様々な形で応用されているのです。

pn接合（整流作用がある）

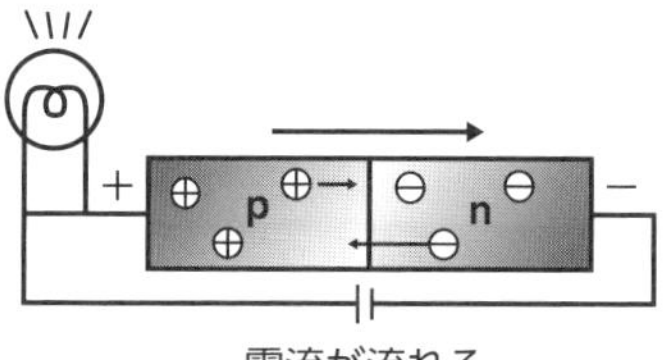

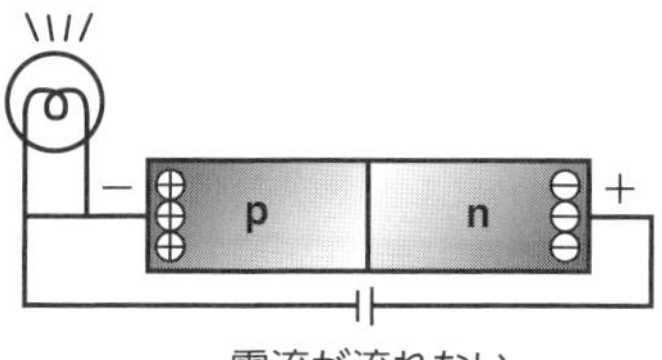

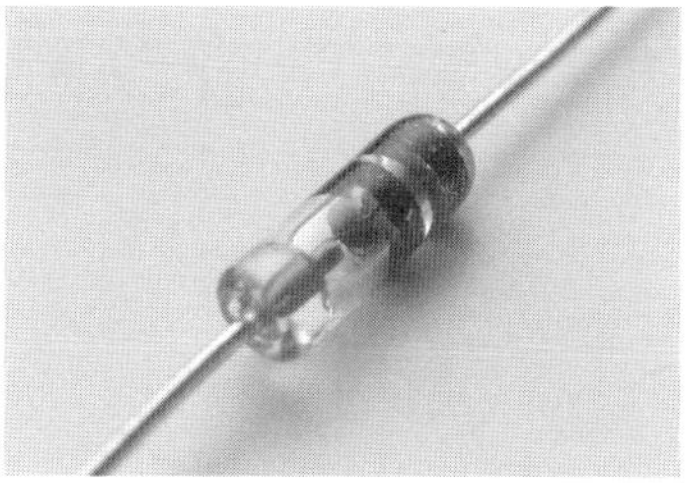

▲ダイオード

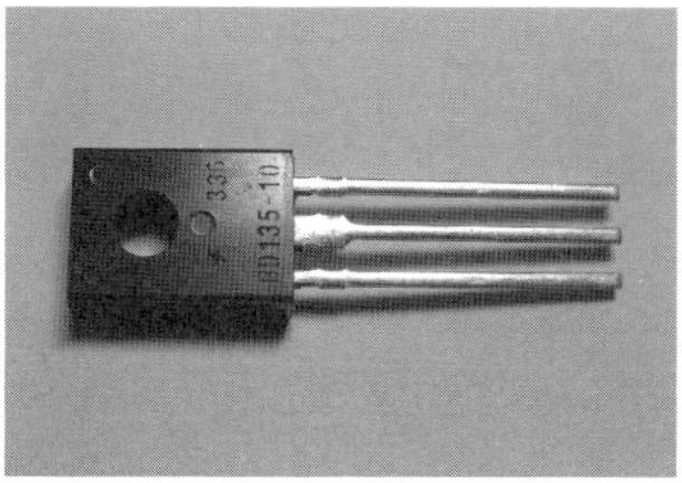

▲トランジスタ

19

半導体②

半導体の種類と数多くの用途

半導体の特性を活かして作られたのが半導体デバイスです。一般的には、この半導体デバイスのことを半導体と呼んでいます。用途によって多くの種類のものが開発されています。

半導体の種類

厳密にいえば半導体は物質の名称で、半導体から作られたのが**半導体デバイス**ということになります。ただ、一般的には半導体デバイスと半導体は同義として使われており、本書でも半導体デバイスを半導体と表記しています。

デバイスとしての半導体には、ダイオード、トランジスタ、IC（集積回路）など多くの種類があります。

ダイオードは電流を一方向にしか流さないという特性を持ちます。トランジスタは電子回路において信号を増幅またはスイッチングできる半導体素子です。

トランジスタとしては前項で述べたpn接合を二つ合わせた構造のバイポーラトランジスタ、n型とp型の片方だけのキャリアを使用した電界効果型トランジスタ（FET）などがあります。

IC（集積回路）

一つのチップのなかに、ダイオードやトランジスタなど多くの半導体素子を集積したものがIC（集積回路）です。

さらに、このICのなかでも素子数の大きいものをLSI（大規模集積回路）といいます。

ICには、データを蓄積するためのメモリ（記憶素子）、論理回路を集積したロジックIC、アナログ信号の処理や電源・動力制御などを担うアナログIC、電気製品を制御するためのマイコンなどがあります。

半導体の種類

分類		製品
ディスクリート		ダイオード、トランジスタ（バイポーラ、電界効果型、絶縁ゲート型バイポーラトランジスタ）、パワートランジスタ、サイリスタ（SCR、トライアック、GTO）、モジュール（トランジスタモジュール、パワーモジュール）
オプトエレクトロニクス		受光デバイス、発光デバイス、光通信用デバイス、複合デバイス（フォトカプラ）
センサ		温度センサ、圧力センサ、加速度センサ、アクチュエータ、ヒートシンク
IC（集積回路）	メモリ	DRAM、SRAM、フラッシュメモリ、マスクROM、EPROM、その他のメモリ
	マイコン	MPU、CPU、DSP
	ロジック	汎用ロジック、ゲートアレイ、スタンダードセル、PLD、特定用途向けロジック
	アナログ	アンプ、インターフェース、アナログ民生用、電圧レギュレータ、コンバータ、コンパレータ、ミックスドシグナル、その他のリニア
	デジタルバイポーラ	バイポーラゲートアレイ、スタンダードセル、バイポーラメモリ、バイポーラ汎用ロジック、バイポーラ特定用途向けロジック

◀ LSI

半導体③

20 半導体の市場と日本メーカーの盛衰

世界的には韓国と米国のメーカーが半導体シェア上位を占めています。かつては日本メーカーが上位を独占していた時代もあったのですが、総崩れの状況です。

半導体の現在の勢力図

米国ガートナー社の調査によると、二〇一九年の世界の半導体製造での最大手は米国インテルでした。

前年は韓国サムスン電子がシェアトップでしたが、メモリ市場が悪化したことから、首位が入れ替わった構図です。三位には韓国の**SKハイニックス**が入っていて、そのあとは米国勢が続きます。

日本勢のなかでは、東芝の半導体部門が切り離された**キオクシア**がようやく九位に入っているだけで、そのほかのメーカーはトップテン圏外です。

国内半導体メーカーの盛衰

国内半導体メーカーが世界的に地盤を失っていったことは、一〇年単位で見るとよくわかります。

二〇一九年にはトップテンにキオクシアだけですが、一〇年前には東芝、ルネサステクノロジ、ソニーの三社が入っていました。ルネサステクノロジは日立製作所と三菱電機の関連部門の統合会社で、現在はNECエレクトロニクスと経営統合し、ルネサスエレクトロニクスとなっています。

そこから二〇年さかのぼり、すなわちいまからほぼ三〇年前の一九八八年を見てみると、日本メーカーが半導体上位一〇社のうち実に六社を占めています。NEC、東芝、日立製作所、富士通、三菱電機、松下電器産業(パナソニック)です。

日本のお家芸だった半導体製造は、現在は米国と韓国メーカーにすっかり遅れをとりました。

半導体売上ランキングの推移

※背景が濃いグレーになっているのは日本メーカー

順位	2019年	順位	2009年
1	米国インテル	1	米国インテル
2	韓国サムスン電子	2	韓国サムスン電子
3	韓国 SK ハイニックス	3	東芝
4	米国マイクロン・テクノロジー	4	米国テキサス・インスツルメンツ
5	米国ブロードコム	5	欧州 ST マイクロエレクトロニクス
6	米国クアルコム	6	米国クアルコム
7	米国テキサス・インスツルメンツ	7	韓国 SK ハイニックス
8	欧州 ST マイクロエレクトロニクス	8	米国 AMD
9	キオクシア（東芝）	9	ルネサステクノロジ
10	オランダ NXP セミコンダクターズ	10	ソニー

順位	1998年	順位	1988年
1	米国インテル	1	NEC
2	NEC	2	東芝
3	米国モトローラ	3	日立製作所
4	東芝	4	米国モトローラ
5	米国テキサス・インスツルメンツ	5	米国テキサス・インスツルメンツ
6	日立製作所	6	富士通
7	韓国サムスン電子	7	米国インテル
8	オランダ フィリップス	8	三菱電機
9	欧州 ST マイクロエレクトロニクス	9	松下電器産業（パナソニック）
10	富士通	10	オランダ フィリップス

出典：米国ガートナー・アイラプライ社

21

半導体④

国内大手の再編の動き

かつて世界シェア上位を独占していた日本メーカーは、売上を落とすなかで半導体部門の再編を繰り返してきました。

上位を独占していた日本メーカー

前ページの表に示したとおり、かつてはNEC、東芝、日立製作所、富士通、三菱電機、松下電器産業(パナソニック)と国内大手の電機メーカーがすべて半導体を製造、世界的にもシェア上位を独占していました。

しかし、現在もシェア上位に残っているのは、東芝から分離したキオクシアだけです。その東芝も、キオクシアの持株比率は下げていく方向です。エレクトロニクス大手の半導体部門はすっかり影が薄くなりました。

日本メーカーが海外メーカーとの競争に負けてシェアを落としていったことについては、多くの人が論評していますす。投資が中途半端だったこともありますし、政策としての支援が不十分だったこともあります。

エレクトロニクスの基幹事業である半導体製造で日本メーカーが凋落《ちょうらく》したのは残念です。

国内半導体大手の再編

シェアを落とすなかで、日本の半導体部門は大きな再編を繰り返してきました。

八八年にはシェアトップだったNEC、三位の日立製作所の半導体におけるDRAM部門が統合されてエルピーダメモリとなりました。エルピーダメモリにはその後、三菱電機のDRAM事業も加わりました。しかし結局は経営が行き詰まり、会社更生法を申請して現在は米国マイクロンの傘下に収まっています。

エルピーダメモリについては、第4章18～19項で詳しく解説します。

もう一つの大きな流れは、SoC*での再編です。三菱電機と日立製作所のSoC部門が統合されたのがルネサステクノロジで、さらにここにNECの同部門が加わり、現在のルネサスエレクトロニクスとなっています。そのルネサスエレクトロニクスの経営状態も厳しく、赤字が続いています。

キオクシア

ルネサスエレクトロニクスとともに半導体大手として残っているのは、東芝から派生したキオクシアです。

東芝の再編についてはこれも別項で述べます。粉飾決算と原発事業での失敗から経営が悪化した東芝は半導体部門を切り離しました。キオクシアでは、半導体のなかでもNAND型フラッシュメモリを生産しています。

正確には、キオクシアは持株会社であるキオクシアホールディングスの子会社で、このキオクシアホールディングスに対して、ファンドや東芝などが出資しています。

日本メーカー再編の動き

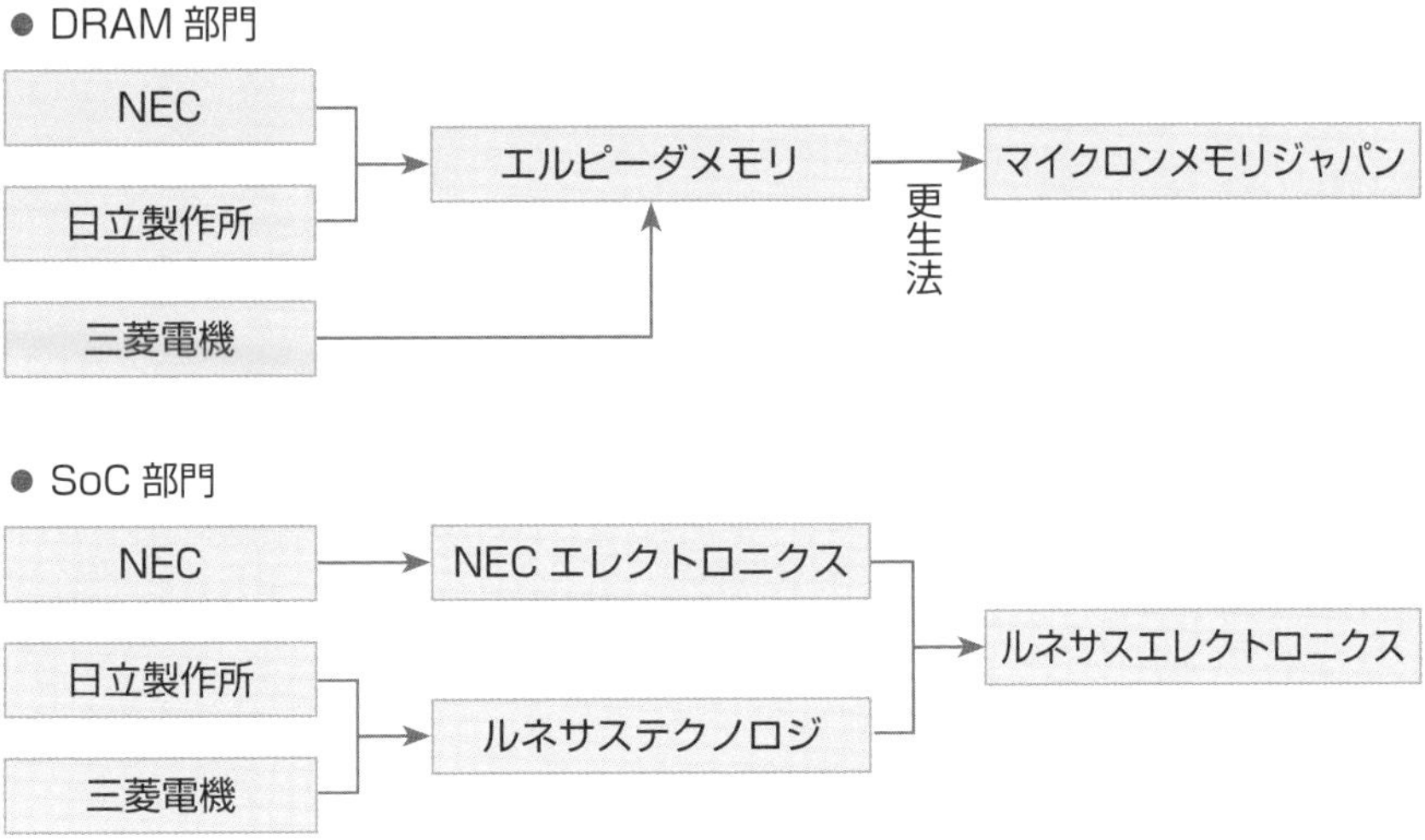

用語解説

＊**SoC**　System on a Chipの略称。ある装置のシステムや動作に必要となる機能のすべてを、1つの半導体チップに集約したもの。

22

液晶①

液晶の定義と構造

スマホ、テレビ、パソコンなど多くのディスプレイにおいて液晶を素材とする液晶パネルが用いられています。液晶パネルは液晶素材の特性を活かして、ディスプレイ装置に活用されています。

液晶と液晶パネル

スマホ、テレビ、パソコンなど多くの製品において、**液晶パネル**が用いられています。正確には素材である液晶と、ディスプレイのためにパネル化した液晶パネルがあるのですが、どちらも「液晶」という言い方をされているのが現状です。

素材としての液晶は、固体と液体の双方の特徴を持つ物質です。この特性を活かしてディスプレイ装置に活用されているのが液晶パネルということになります。

液晶パネル(ディスプレイ)の構造

簡単にいうと、液晶パネルは、バックライトなどの光源から発せられた光を、部分的に遮ったり透過させたりすることによって文字や映像の表示を行います。

ディスプレイとしての液晶パネルは、一般的な構造としては、バックライトなどの光源の上に、液晶の層を偏光フィルタで挟みこんだような構造になっています。

偏光フィルタ、カラーフィルタ、液晶層、アレイ基板、偏光フィルタというような形で、これらが光源の上に貼り付けられたような構造です。

液晶層の表側にカラーフィルタ基板、裏側にアレイ基板が配置されています。

アレイ基板は、液晶側に電極が配置されています。その上のカラーフィルタは、赤色・緑色・青色の光を透過させる着色層やブラック・マトリクスを基板上に配置し、保護膜で覆った構造です。

このカラーフィルタにより、カラーの画面を表示させることが可能になっています。

駆動方式

液晶表示の駆動方式もいくつかあります。STNとかTFTという言葉を耳にしたことがあるかもしれませんが、これは駆動方式の違いです。

STN液晶とは、交差した電極に電圧をかけることで画素を発光させる単純マトリクス方式を改良した方式のことを指します。

対してアクティブマトリクスと呼ばれる駆動方式では液晶の画素ごとに薄膜トランジスタ（TFT）が備わっており、画素一つずつを制御する方式です。

現在ではTFT方式が完全に主流です。単純マトリクスは旧方式という見方がされますが、歴史的に見ると単純マトリクス方式を経て、現在のTFTアクティブマトリクス方式に至っています。

STN液晶は、TFTを使ったアクティブマトリクス方式と比較すると、製造コストが安いというメリットがありました。初期の簡易型ゲーム機の液晶画面、携帯電話、ノートパソコンなどに用いられていました。

液晶パネルの構造

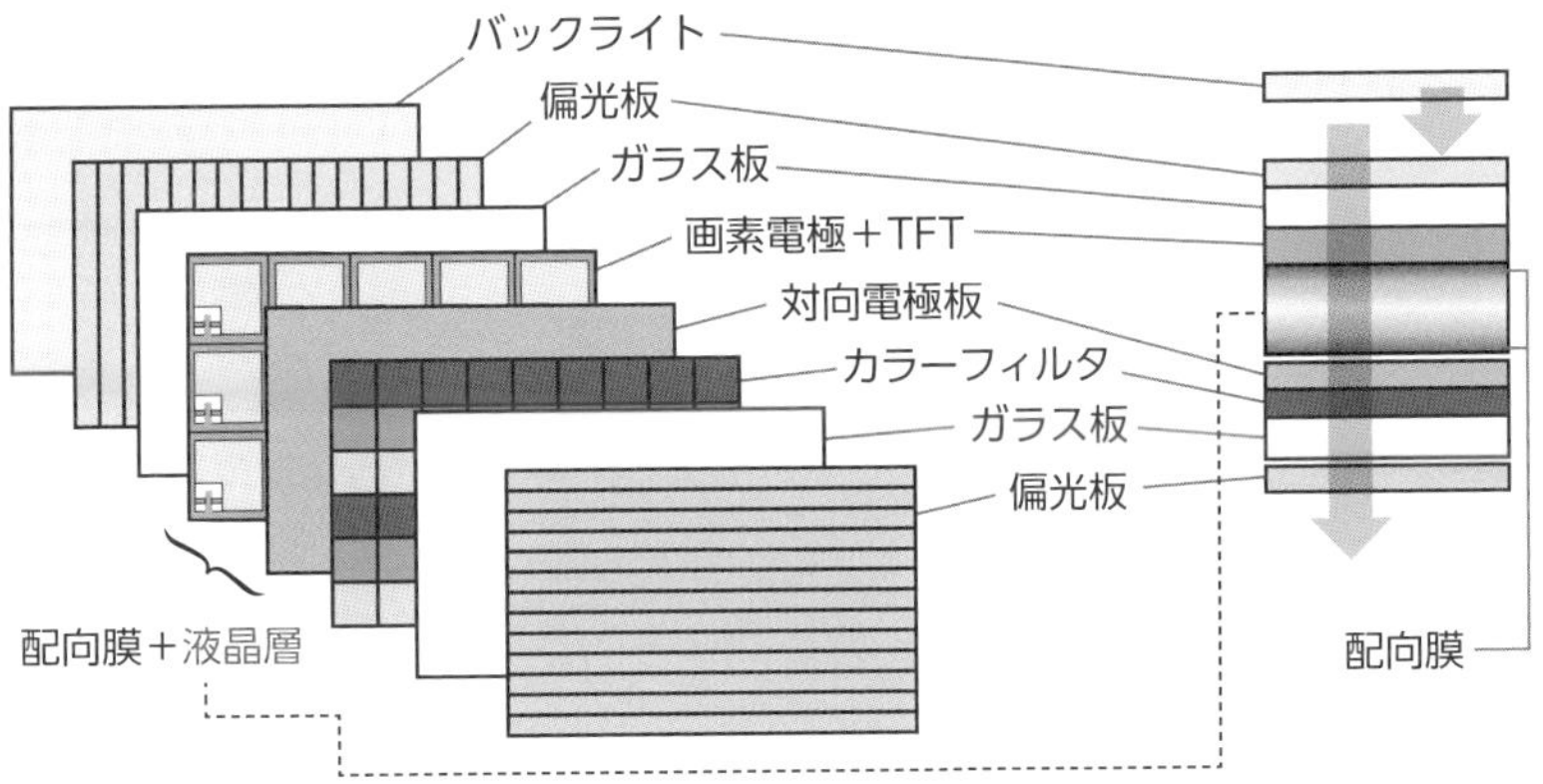

液晶②

23 世界市場とアジアメーカーの台頭

液晶パネルは、テレビなどに使われる大型品と、スマホやパソコン、自動車向けなどの中小型品に分かれます。どちらも中国・韓国のメーカーがシェア上位です。

液晶パネルの世界シェア

スマホ、パソコン、テレビなどで、液晶パネルはディスプレイの主役です。液晶パネルメーカーは、国内ではソニー、東芝、日立製作所の液晶事業が統合されたジャパンディスプレイが大手ですが、世界市場では中国と韓国のメーカーが確固たる位置を占めています。

液晶パネルは、大型と中小型品とで市場の状況が異なります。

どのサイズからを大型品とするか、定義は曖昧なところもありますが、スマホあるいはパソコン用、車載用などは中小型パネルで、テレビの画面用は大型パネルというのがざっくりした仕分けです。テレビ用パネルでも四〇インチ以上を大型品とする統計上の区分もあります。

大型液晶パネルでは、韓国ＬＧディスプレイが二〇一九年の世界市場ではトップシェアを占めています。続いているのは中国および台湾メーカーです。

一方、中小型液晶パネルの世界市場では、中国の京東方科技集団（ＢＯＥ）がトップでした。

続いて日本のジャパンディスプレイが入っていますが、ジャパンディスプレイは利益を上げられない状態が続いており、シェアで上位ですが苦戦を強いられている状況です。

中小型の四位以下には韓国ＬＧディスプレイ、シャープなどが続いています。

大型液晶パネルの2019年世界市場シェア

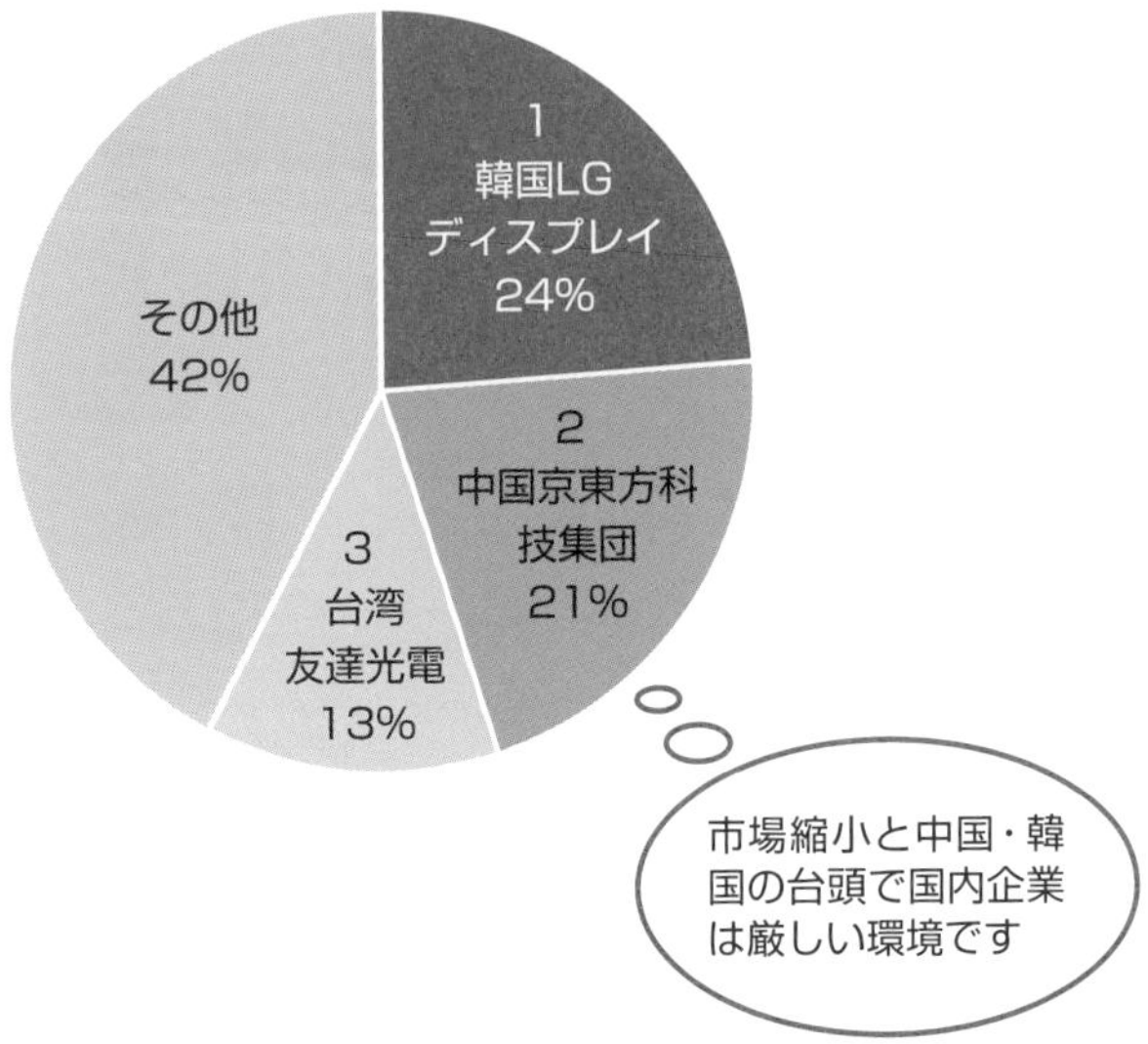

※出荷額ベース

中小型液晶パネルの2019年世界市場シェア

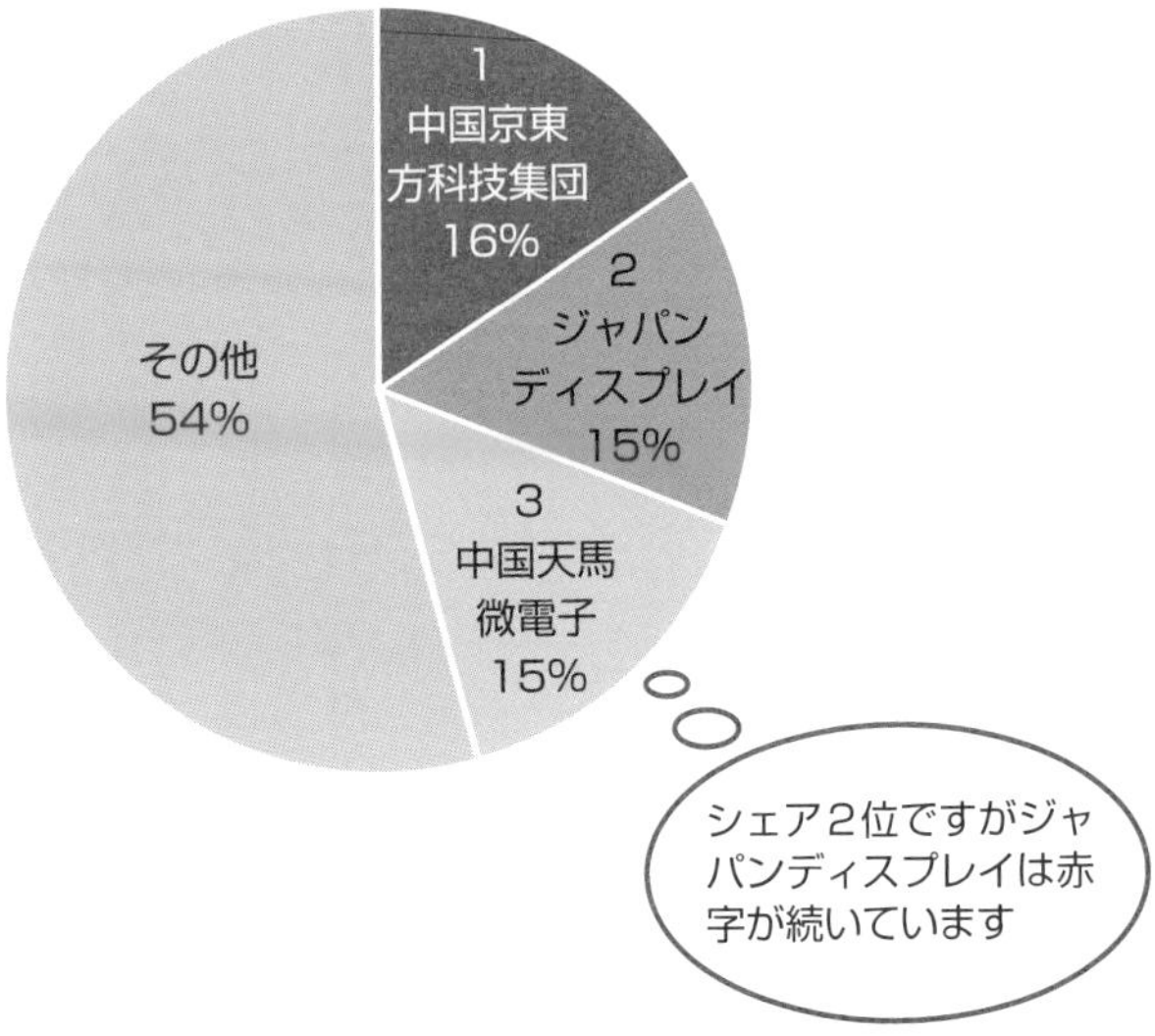

※出荷額ベース
参考：オムディア

24

有機EL①

有機ELの強みと構造

ディスプレイパネルの主役は、いまのところ液晶ですが、有機ELがテレビ、スマホなどで徐々に増えており、液晶にとって代わる可能性が出ています。

液晶と有機EL

テレビ、スマホ、パソコン、自動車のパネルなど、多くのディスプレイの主役は液晶です。しかし製品機能的にいうと、有機ELは液晶よりも高機能です。

いまのところ液晶に比べて劣っているのは、高価格になってしまうところと、まだ製品開発途上なので製品寿命が短い点くらいです。

液晶も進化を続けているので、将来的にディスプレイパネルの主役の座をどちらが担うかははっきりしません。新たなディスプレイ方式も生まれており、新たな方式に主役の座を奪われるかもしれません。ただ、今後しばらくはあらゆる場面で有機ELと液晶の争いが続くでしょう。

有機ELのメリット

有機ELパネルの大きな特徴の一つは、液晶パネルとの違いでいうと、バックライトがない点です。有機ELは自発光なので、液晶と違ってバックライトが不要なのです。このため構造がシンプルで、パネルを薄く、軽量にすることができます。

また自発光であるため、必要な部分だけ光らせることで映像を表示できます。そのため、液晶と違って無駄な消費電力がなく、低消費電力です。

さらに、画面の色合いにも違いがあります。有機ELは、バックライトがないことから、完全な黒色を実現できます。映像が表示されていない状態で有機ELテレビと液晶テレビを見比べるとはっきりわかるのですが、有機ELテレビは真っ暗な漆黒の画面である一方、液晶テレビは明るさが若干残っています。何気ない違いですが、これが色の高精細表示では大きな違いになってきます。

また、基板はガラスでなくてもプラスチックなどでも可能なので、パネルが加工しやすいというのも大きな特徴になっています。

有機ELの構造

液晶の項目でも触れましたが、液晶あるいは有機ELというのは、本来は素材あるいはデバイスの名称です。ただ、そのデバイスから作られたパネルのことを液晶あるいは有機ELと呼ぶのが一般的で、本書でもそうしています。

有機ELは、**OLED**（Organic Light Emitting Diode、有機発光ダイオード）ともいいます。

つまり、有機ELは発光ダイオードなのです。発光ダイオードのなかでも発光材料に有機化合物を用いたもので、電界発光素子の一種です。

パネルとしての有機ELは、電子輸送層、発光層、正孔輸送層を層状に重ね合わせた構造になっています。両端から電圧をかけると発光層内で電子と正孔が結合し、そのエネルギーが発光物質を励起させて発光する、という原理になっています。

有機ELと液晶のパネル構造の違い

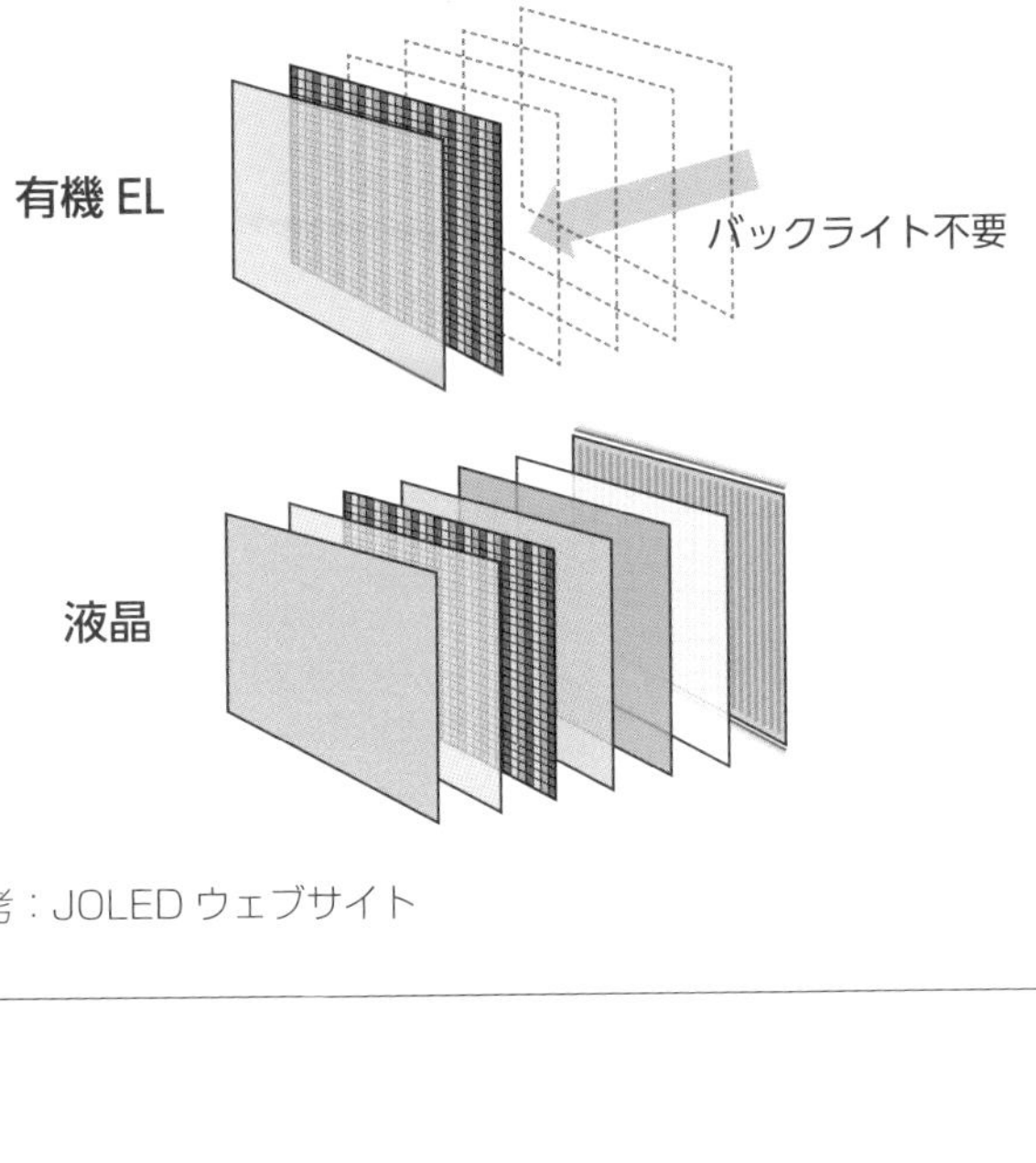

参考：JOLEDウェブサイト

25

有機EL②

広がる市場と世界シェア

有機ELはテレビとスマホで搭載が進んでいます。テレビでは大型パネルで液晶との争いになっており、スマホについてはアップルなどが液晶からの切り替えを進めています。

有機ELテレビ

有機ELパネルは、電圧をかけると赤、緑、青に発光する有機化合物(有機EL)を基板上に細かく配列して制御する仕組みです。

バックライトがないため高精細パネルでも消費電力が少ないほか、加工がしやすく多様なデザインに対応できる、などのメリットがあります。

多くの製品に有機ELが搭載され始めているなか、いち早く普及が進んでいるのは、テレビとスマホです。

テレビにおいては、価格の問題もあり、中型サイズ以下のものはまだ液晶パネルが中心です。ただ大型製品においては、有機ELが多くなっており、価格の差も以前に比べるとかなり小さくなってきました。

4K有機ELテレビとしては、二〇二〇年末の段階では、ソニーだと四八インチ以上、パナソニックだと五五インチ以上で製品を投入しています。おおむねこのサイズより小さいテレビではまだ液晶が中心で、五〇～五五インチ以上のものは液晶製品と有機EL製品の争いとなっているのが現状です。

有機ELスマホ

有機ELはスマホでも搭載が進んでいます。アップルがiPhoneにおいて液晶画面から有機EL画面に切り替え始めたのが象徴的な事例で、これにより日本の液晶メーカーであるジャパンディスプレイは大打撃を受け、経営が著しく悪化しています。

スマホにおいては、有機ELのメリットを活かせる

ワンポイントコラム

2019年の段階では、まだアップル製iPhoneの全機種での有機ELパネル搭載は実現していませんでしたが、2020年に投入された「iPhone12」では全機種に有機ELパネルが搭載されました。

点がいくつかあります。有機ELはバックライトがなく消費電力が少ないので、小型化、薄型化で有利です。また、SNSなどの普及により、スマホのカメラ機能が重視されるなかでは、画面が高精細であることも競争力となります。

こうしたことから、多くのスマホメーカーが画面を液晶から有機ELに切り替え始めています。

有機ELの市場シェア

有機ELの市場シェアは、韓国メーカーが圧倒しています。大型と中小型は用途も違うため異なるマーケットになっているのですが、大型パネルは韓国LGディスプレイが市場の八割以上を独占しています。

中小型パネルについては、韓国サムスン電子がやはり八割以上のシェアを握っています。また、サムスン電子に次ぐシェアを占めているのは大型品で世界市場を独占するLGディスプレイです。

韓国勢が世界シェアをほぼ握っているといっても過言ではありません。

中小型有機ELの2019年世界市場シェア

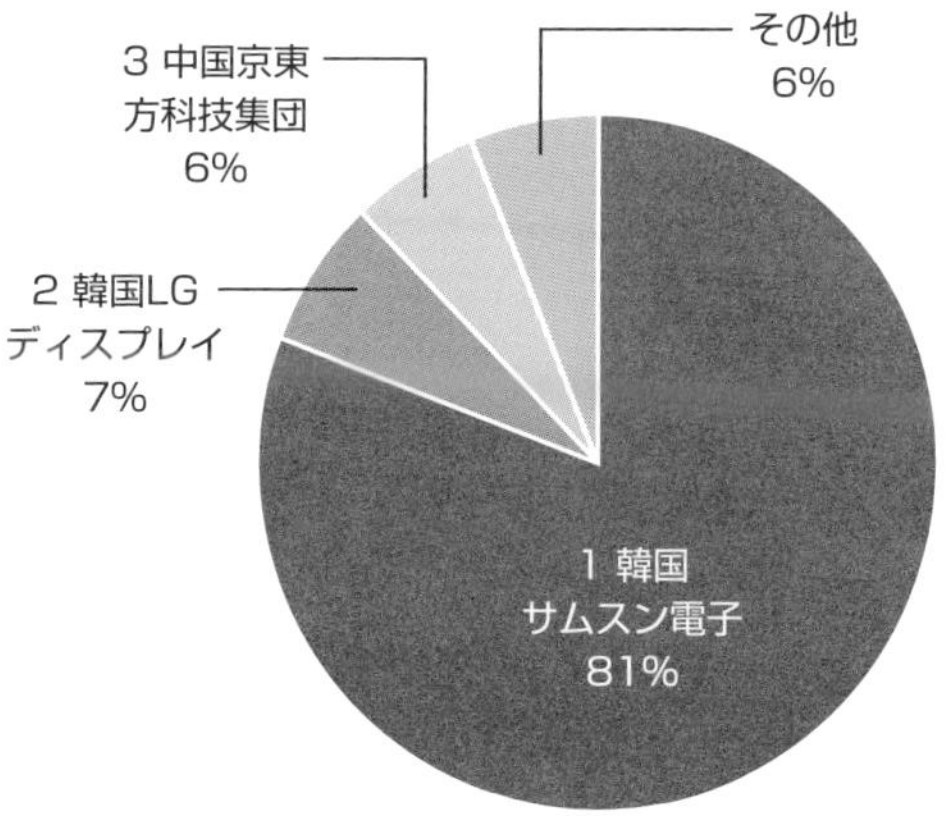

※出荷額ベース
参考：オムディア

26

様々な機器への活用と普及状況

リチウムイオン電池①

電池にはいくつもの種類がありますが、充放電を行える二次電池には、何度も使えるというメリットがあります。なかでもリチウムイオン電池は軽量で発電量も多いため広く普及しています。

リチウムイオン電池の果たす役割

二〇一九年に旭化成の吉野彰博士を含む三人の研究者が、「**リチウムイオン電池の開発**」によりノーベル化学賞を受賞しました。

いうまでもなく、ノーベル賞を受賞したからすごいのではなく、人類にとって画期的な技術革新だったのでノーベル賞が授与されたのです。

現在、リチウムイオン電池はスマホ、ノートパソコン、タブレット端末をはじめ多くのエレクトロニクス機器、モバイル製品に搭載されています。

リチウムイオン電池がなかったら、モバイル機器の小型化は実現していなかったでしょう。

近年では自動車の電動化、EV（電気自動車）へのシフトが進んでいますが、これもリチウムイオン電池によるものです。車載電池については、ニッケル水素やその他のタイプもありますが、主役はリチウムイオン電池です。

電池の種類

電池には種類がいくつもあります。定義上は、**一次電池、二次電池、燃料電池**に分かれます。

一次電池は使い切りのもので、乾電池として広く親しまれています。二次電池は、充電して再利用することが可能なもので、リチウムイオン電池はこの二次電池の代表格となります。燃料電池は、外部から化学物質を入れて動かすタイプの電池です。

充電可能な二次電池には、リチウムイオン電池以外にもマンガン電池、ニッケル水素電池、鉛電池など多くのものがあります。しかしこのなかでも、リチウムイオン電池は軽量で発電量が多いことなどから広く普及しました。

リチウムイオン電池の構造

リチウムイオン電池は、簡単にいうと正極と負極の間をリチウムイオンが移動することで充電や放電を行い、繰り返し使える二次電池です。

主要材料としては、正極、負極、セパレータ、電解液で構成されています。

正極には酸化物材料、負極には炭素（カーボン）材料が用いられ、これらがセパレータを挟んで電解液に浸っていることで、充放電を繰り返すことができます。

前述のノーベル化学賞を受賞した吉野博士は、この枠組みを確立しました。吉野博士らは、「炭素材料を負極とし、リチウムを含有するコバルト酸リチウムを正極とする二次電池」というリチウムイオン二次電池の基本概念を確立した功績が認められて、受賞につながりました。

リチウムイオン電池の仕組み

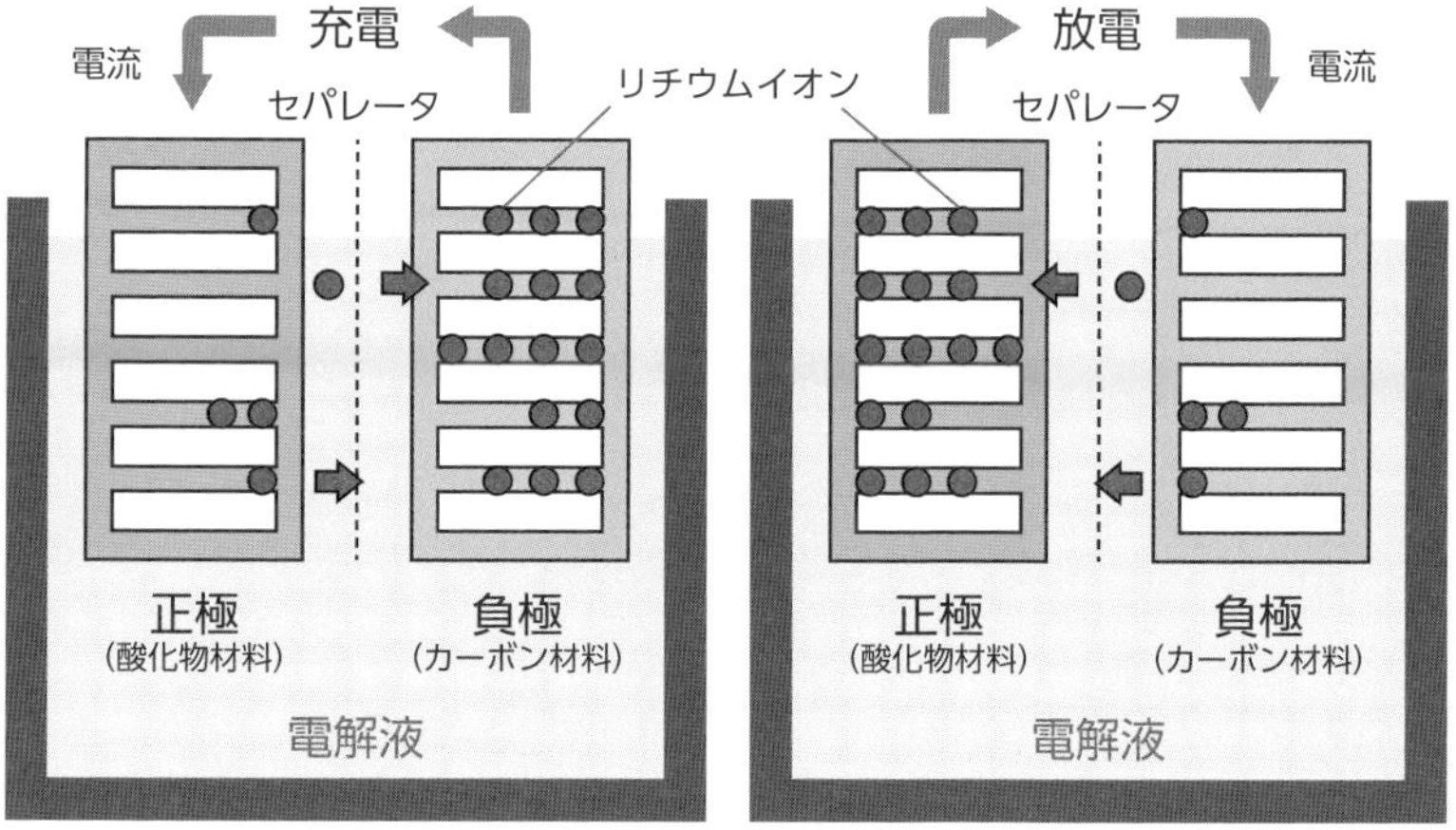

参考：NEDO（新エネルギー・産業技術総合開発機構）

27

リチウムイオン電池②

製品化の歴史と市場シェア

リチウムイオン電池は日本のソニーが世界に先駆けて製品化、その後も日本メーカーが相次ぎ改良して商品化、かつては日本メーカーが世界シェアを独占していました。

リチウムイオン電池の歴史

リチウムイオン電池を初めて製品化したのは日本企業であり、その後も日本企業が市場をリードしていました。

リチウムイオン電池を初めて製品にしたのはソニーです。一九九一年にソニー（ソニー・エナジー・テック）が世界で初めてリチウムイオン電池を製品化、九三年には旭化成と東芝の合弁会社であるエイ・ティーバッテリーにより商品化され、さらに九四年には三洋電機により黒鉛炭素質を負極材料とするリチウムイオン電池が世の中に出ています。

リチウムイオン電池の市場シェア

こうしたこともあって、二〇〇〇年の段階では小型民生用リチウムイオン電池の世界市場シェアは、シェアトップの三洋電機を筆頭に、日本メーカーが独占している状態でした。

しかし左ページの表のように徐々に韓国系、中国系メーカーにシェアを奪われる形で競争力が低下、二〇〇八年の段階ではすでにトップ5に日本メーカーは三洋電機とソニーしか入っていない状況になっていました。

その三洋電機も現在は事実上実態はなくなり、パナソニックに組み込まれた形になっています。このパナソニックと韓国サムスン電子（サムスンＳＤＩ）がシェア上位を占めます。

なお、二〇一九年の携帯電話（スマホ）用のシェアを見ると、シェアトップはアンプレックステクノロジー（ATL）です。アンプレックステクノロジーは香港の会社ですが、日本のTDKの子会社なので、実際にはTDKがシェアトップといってもいいかもしれません。

携帯電話用リチウムイオン電池の2019年世界市場シェア

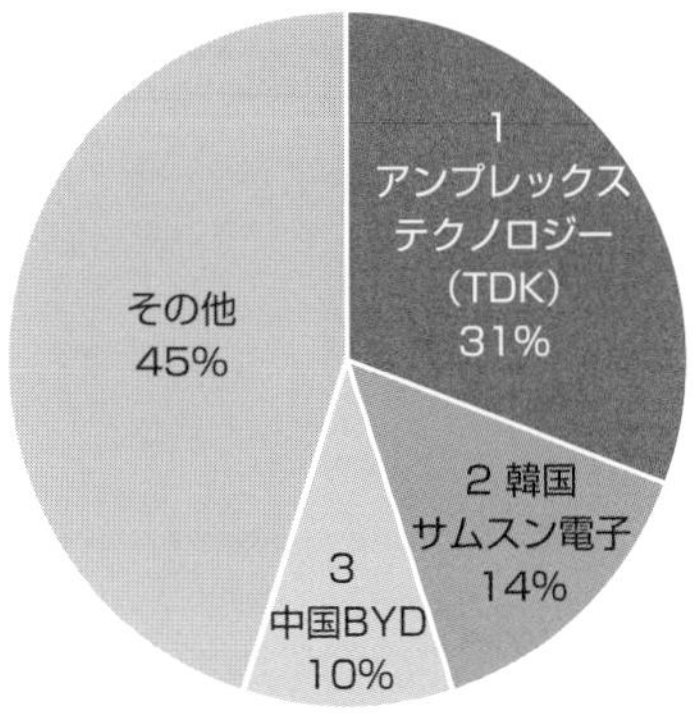

※出荷量ベース
参考：テクノ・システム・リサーチ

小型民生用リチウムイオン電池のメーカー別市場シェアの推移

2000年

		メーカー名	シェア
1	日	三洋電機 三洋 GS ソフトエナジー	33%
2	日	ソニー	21%
3	日	松下電池工業	19%
4	日	東芝	11%
5	日	NEC トーキン	6.4%
6	日	日立マクセル	3.4%
7	中	BYD	2.9%
8	韓	LG 化学	1.3%
9	韓	サムソン SDI	0.4%

2005年

		メーカー名	シェア
1	日	三洋電機 三洋 GS ソフトエナジー	28%
2	日	ソニー	13%
3	韓	サムソン SDI	11%
4	日	松下電池工業	10%
5	中	BYD	7.5%
6	韓	LG 化学	6.5%
7	中	天津力神	4.5%
8	日	NEC トーキン	3.6%
9	日	日立マクセル	3.3%

2008年

		メーカー名	シェア
1	日	三洋電機 三洋 GS ソフトエナジー	23%
2	韓	サムソン SDI	15%
3	日	ソニー	14%
4	中	BYD	8.3%
5	韓	LG 化学	7.4%
6	中	BAK	6.6%
7	日	パナソニック	6.0%
8	日	日立マクセル	5.3%
9		ATL	3.8%
		～	
14	米	A123 Systems	1.0%

参考：経済産業省

28

リチウムイオン電池材料①

市場規模と主要材料

リチウムイオン電池は多くの材料からできていますが、主要材料は正極材、負極材、セパレータ、電解液の四つです。この四つでおよそリチウムイオン電池材料の八割の市場規模があります。

リチウムイオン電池材料の市場規模

リチウムイオン電池市場の拡大が見込まれるなか、リチウムイオン電池材料市場も拡大が予想されます。二〇二一年には二〇一六年比でほぼ倍増となる約三兆円の市場規模が予想されています。

新型コロナウイルス感染拡大の影響や、自動車市場での電動化、すなわち車載用リチウムイオン電池の採用状況によって多少の変動は予想されるものの、中期的に見ると右肩上がりの傾向は続くと見られます。

矢野経済研究所の調査によれば、二〇一八年のリチウムイオン電池主要四材料の世界市場規模(メーカー出荷金額ベース)は、前年比三四%増の一九六億六七〇〇万ドルでした。二〇一六年以降 少なくともコロナ禍の影響が出る前の二〇一九年までは、車載用を牽引役として安定した伸びとなっています。

リチウムイオン電池材料の中身

リチウムイオン電池の主要材料は、**正極材、負極材、セパレータ、電解液**の四つです。

ほかにも、バインダ(正極と負極)、集電体(正極と負極)、金属外装缶用ニッケルメッキ鋼板、ケース用アルミ板、ラミネート外装材、導電助剤なども、リチウムイオン電池材料となります。

ただ、前出の四つの主要材料で、リチウムイオン電池材料のおよそ八割を占めるといわれています。したがって、前出の矢野経済研究所による市場規模の数字は主要四材料のものですが、リチウムイオン電池材料

ワンポイントコラム

自動車の電動化、EV(電気自動車)化は間違いなく進みます。車載電池市場は世界的に巨大マーケットになります。次世代電池が開発される可能性もありますが、リチウム電池材料の改善・開発も急ピッチで進みます。なかでも不燃性という安全対策はポイントの1つです。

全体の市場規模と大きくは違わないということになります。

正極材

金額ベースでいうと、リチウムイオン電池材料のうちおよそ五割は正極材が占めます。

残りの三割を負極材、セパレータ、電解液が占め、この四材料で八割、残り二割がその他ということになります。

正極材として使われる材料は製品によって異なり、主なものにコバルト酸リチウム、三元系、マンガン酸リチウム、ニッケル酸リチウム、リン酸鉄リチウムなどがあります。

コバルト酸リチウムは、角型やラミネート型のリチウムイオン電池で使用され、スマホ向けなどに多用されています。コバルト価格の相場に左右されるのがネックです。

三元系は、シリンダ型と自動車向けで使用され、なかでも自動車向けに多く搭載されています。容量が大きいため、自動車のように一度の充電で多く使いたいというニーズに向いています。車載用リチウムイオン電池の需要が急速に膨らむと見られるため、三元系正極材料市場も拡大が見込まれています。

マンガン酸リチウムも自動車用などに使用されますが、容量の点で三元系に及ばないことから、出荷量は徐々に減少しています。ニッケル酸リチウムは充電式電動工具向けなどとして使われています。

ほかの主要材料

ほかの主要材料では、負極材はグラファイトなどカーボン系が使われますが、電池の高容量化によってカーボン系からシリコン系への移行の動きもあります。

電解液は電解質塩と有機溶媒、添加剤を混合したものが使用されます。

セパレータの種類は電池によって異なりますが、リチウムイオン電池にはポリエチレンやポリプロピレン製の微多孔膜が用いられています。

正極材と同様に、それぞれの主要材料においても品質向上のための改良・開発が進められており、それがリチウムイオン電池の機能向上にもつながっています。

リチウムイオン電池材料②

29 日本メーカーの盛衰と中国の台頭

リチウムイオン電池材料事業においても、日本メーカーは世界市場を独占していましたが、いまはトップシェアから落ちています。現在の主力は中国メーカーです。

世界市場を独占していた日本メーカー

かつては日系メーカーの独占状態だったリチウムイオン電池と同様に、リチウムイオン電池材料市場においても、日系の優位が徐々に薄れてしまいました。

経済産業省が作成したデータでは、二〇〇四年の段階では世界市場のうち正極材の九割、負極材の八割、電解液とセパレータでも七割以上が日本メーカー製でした。世界市場は日本のほぼ独占状態といっても過言ではなかったのです。

四年後の二〇〇八年には正極材のシェアこそ落としていますが、まだ八割近くあり、負極材とセパレータはシェアをさらに上げていました。

中国材料メーカーの台頭

しかし、これが一〇年後の二〇一八年となると様相が一変します。中国メーカーがすっかり台頭しています。

矢野経済研究所の集計によると、二〇一八年は正極材で六四％を中国メーカーが占め、日本は一七％にシェアを落としています。負極材にしても同様で、中国七四％、日本二〇％、セパレータも中国五七％、日本三五％、電解液は中国七〇％、日本二三％です。

中国メーカーは主要四材料すべてで日本を抜き去り、かつ大きなシェアを獲得しています。

いずれも日本はまだ中国に続きシェア二位という言い方もできますが、かつてのシェアトップの座はすべて中国に奪われています。

ちなみに負極材、セパレータ、電解液ではシェア三位はいずれも韓国で、中国、日本、韓国の三カ国でシェア一〇〇%というマーケット事情となっています。

日本メーカーは巻き返しを目指したいところですが、中国政府は環境保護のため自動車のＥＶ（電気自動車）化を進めており、車載電池材料も中国製が有利な状況にあることは否めません。また、韓国メーカーの追い上げも気になるところです。

リチウムイオン電池主要4材料の世界市場規模

（2018年の国別出荷数量シェア）

	正極材	負極材	セパレータ	電解液
中国	64%	74%	57%	70%
日本	17%	20%	35%	23%
韓国	9%	6%	9%	8%
その他	11%	—	—	—

※出荷数量ベース。四捨五入のため合計は 100%にならないこともある

参考：矢野経済研究所

リチウムイオン電池分野における日系企業の世界シェア推移

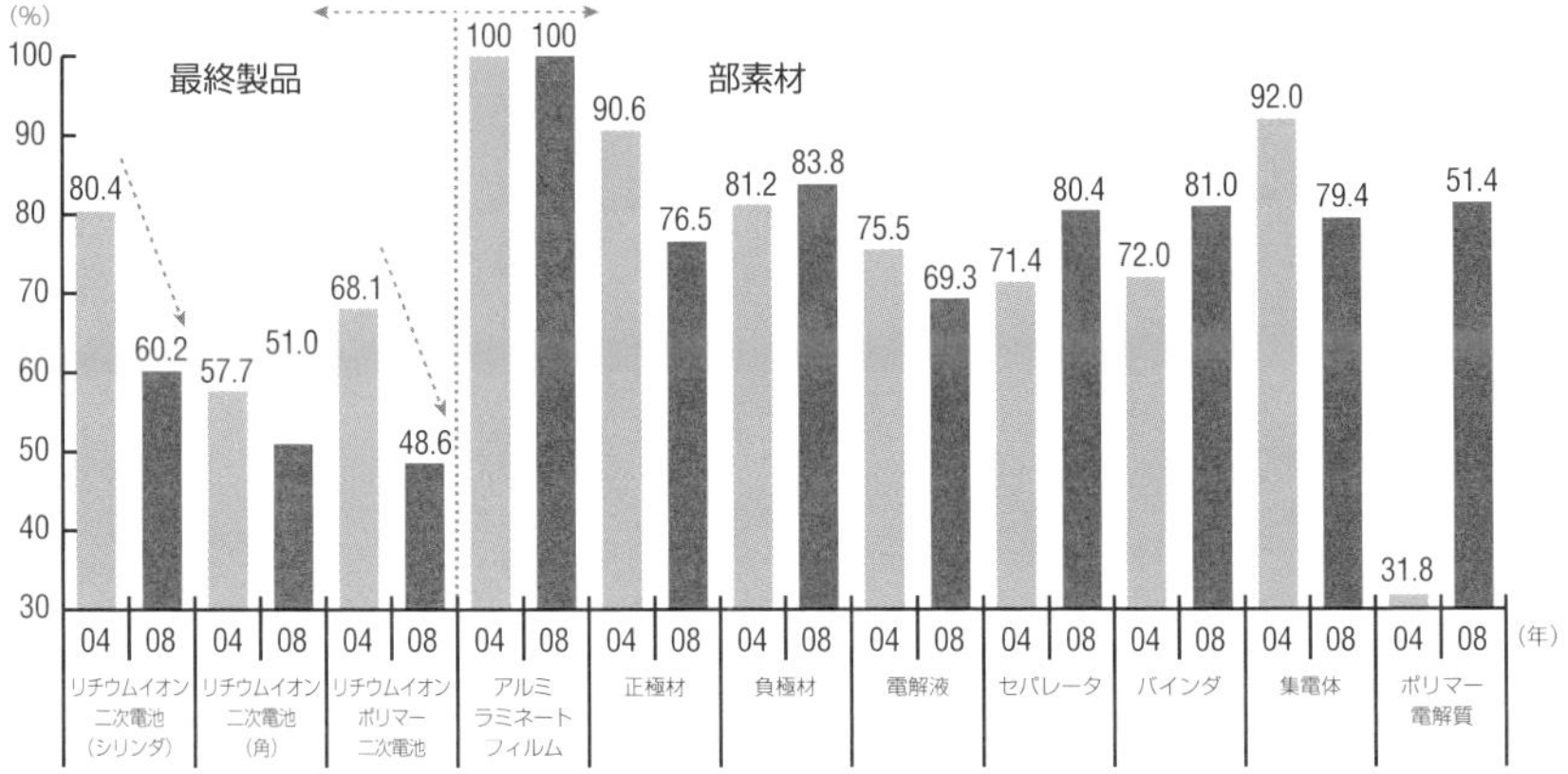

参考：平成21年度産業技術調査事業委託費「日本企業の国際競争ポジションの定量的調査分析事業」（委託先：富士キメラ総研）より経済産業省作成

30

コンデンサ①

多様な役割と市場規模

コンデンサは、エレクトロニクス製品の内部にほぼ必ず組み込まれている電子部品です。電圧を一定にさせ、ノイズを除去するなど重要な役割を果たします。

コンデンサの重要性

コンデンサは、様々な電子機器に搭載されています。電子機器には必ずといっていいほど入っている電子部品です。電子機器の内部に組み込まれてしまっているので、直接目にすることはあまりありませんが、極めて重要な役割を担っています。

コンデンサは、電子機器の内部で、回路に組み込まれてそれぞれの役割を果たすため多数搭載されます。

標準的なチップ型のコンデンサを例にとると、携帯電話では二〇〇個以上、パソコンでは七〇〇個以上、薄型テレビでは一〇〇〇個程度搭載されているのが一般的です。

コンデンサの役割

コンデンサは電荷を蓄えることができます。これによって電圧を安定させるほか、ノイズを取り除く役割なども果たします。

家庭のコンセントにまで来ている電気は交流電流というタイプですが、実は多くの電子回路は直流電流で動きます。このため、交流を直流に変える働きをする回路(コンバータ)を通すのですが、このときに不安定な電流になります。

このため、コンデンサによって電荷を蓄えて電圧を安定させ、さらにノイズを除去するという作業が必要になります。

コンデンサは蓄電器とも呼ばれます。電荷を蓄えることができるからです。電荷を蓄えることで、充電や放電を行い、電圧を安定させることができます。充電や放電を行うことで、電圧の変化を吸収して電圧を一定に保つのです。

ノイズを取り除く作業も重要です。電子回路に流れる直流電流にノイズが混入すると、電圧を変動させて半導体（ＩＣ）の誤動作などをもたらすからです。そのため、ノイズ成分を除去する目的でコンデンサが多用されます。

コンデンサは、電気の通り道で余計なノイズを横道にそらす役割を果たします。

コンデンサの市場規模

コンデンサは、分類上あるいは定義上は受動部品と呼ばれます。受動部品とは、受け取った電力を消費したり、貯めたり、放出したりする部品のことです。受動部品には、ほかにも抵抗器、コイル、トランスなどがあります。

ＪＥＩＴＡによれば、日本メーカーにおける電子部品の世界出荷統計において、コンデンサの一九年度（二〇一九年四月～二〇二〇年三月）の出荷額は前年比八％減の一兆二二五〇億円でした。

受動部品全体では七％減の一兆五七〇四億円ですから、受動部品全体の七割をコンデンサが占めるという構図になっています。

コンデンサの実物例

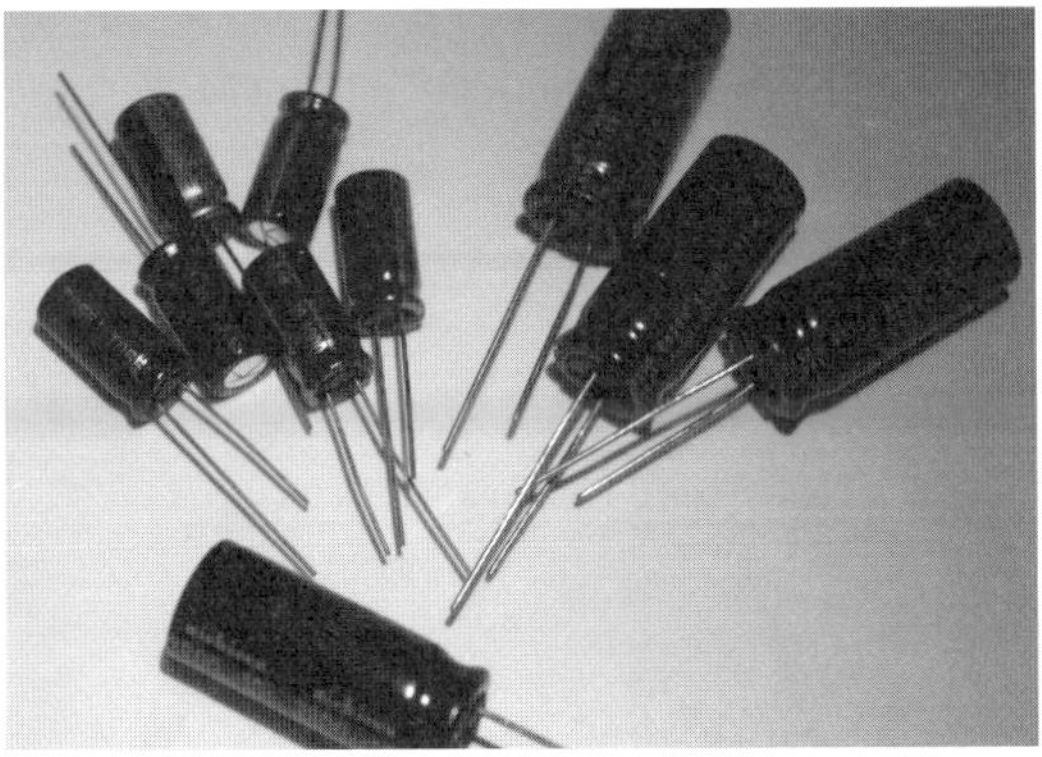

コンデンサはキャパシタとも言われます

31

コンデンサ②

代表的な製品と日本メーカー

コンデンサはその用途によって多くの種類があります。電子機器メーカーは製品によって使い分けて、一つのエレクトロニクス製品内に数百個のコンデンサを使用しています。

コンデンサの種類

コンデンサには、いくつもの種類があります。また形状もバラバラです。代表的なコンデンサとしては、電解コンデンサ(アルミ電解コンデンサ)、セラミックコンデンサ、フィルムコンデンサ、タンタルコンデンサ、可変コンデンサなどがあります。

そのほかに、注目されている製品として、**電気二重層コンデンサ**、**積層セラミックコンデンサ(MLCC)**などもあります。

電解コンデンサなど代表的なコンデンサの特性は左ページの表のとおりです。ここでは表に掲載しなかった電気二重層コンデンサと積層セラミックコンデンサについて少し触れます。電気二重層コンデンサは、電気二重層キャパシタという言い方もします。

電気二重層コンデンサは、電気二重層という物理現象を利用することで蓄電量を大幅に増やしたコンデンサです。充放電による劣化が少ないので、製品寿命が非常に長いことなども特徴です。

また積層セラミックコンデンサは、MLCC(Multi-Layered Ceramic Capacitor)ともいわれます。セラミックスの誘電体と金属電極を積層して小型・大容量化したチップ型コンデンサです。

積層セラミックコンデンサは、市場が急速に膨らんでおり、日本メーカーが圧倒的に強い製品の一つです。村田製作所がトップメーカーで、本書の第4章10項でもこの積層セラミックコンデンサのことに触れています。

コンデンサの主な種類と特徴

電解コンデンサ（アルミ電解コンデンサ）	アルミニウムなどの金属と電解質を使っている。アルミの表面にできる酸化被膜は電気を通さないので、これを誘電体として使う。安価でコンデンサの容量が大きいのが特徴。半面、周波数特性が良くないことに加え、サイズが大きい、誘電体の損失が起こりやすいなどの欠点もある
セラミックコンデンサ	誘電率の高いセラミックスを使っている。小型で熱に強く、高周波の回路でも使える。誘電体に使われるセラミックの種類により、低誘電率型、高誘電率型、半導体型などのタイプがある。かける電圧を増やしていくと、容量が変化するのが特徴。割れや欠けが起こりやすいという欠点もある
フィルムコンデンサ	ポリエステル、ポリプロピレンなどのフィルムを、誘電体として使っているコンデンサである。フィルムを電極で挟み、円筒状に巻き込んでいる。温度による容量の変化が小さく、高精度である。セラミックコンデンサに比べ大型だが、無極性で絶縁抵抗も高く、誘電損失もない。オーディオなどに用いられる
タンタルコンデンサ	陽極にタンタル、誘電体に五酸化タンタルを用いたコンデンサ。容量が大きく、比較的小型である。漏れ電流特性や周波数特性、温度特性に優れているのが特徴
可変コンデンサ	静電容量を変えることが可能なコンデンサで、ツマミを回すと金属板の向き合う面積が増減する構造である。バリコンとも呼ばれる。代表的な用途は、送信機や受信機の同調回路などである
トリマーコンデンサ	水晶振動子などの発振回路の周波数調整を行う可変容量コンデンサである。微調整や部品のばらつきを補正するために使われ、組み立て時に専用ドライバで調整する

32 抵抗器の役割と種類

抵抗器は電気の量を調整するための電子部品です。その際に発熱する特性があるので、それも家電などで利用されています。またボリュームの機能としても使われます。

抵抗器の役割

抵抗器は電気を流れにくくする電子部品です。電気の量を調整することで電子回路を適正に動作させる役割を担います。

電圧は、高いほど電気を流す力が強くなり、電流が多量となります。同時に膨大な量の電流が流れるため、回路はショートしてしまうことになります。

こうしたことにならないように、抵抗器を接続することで、その回路に必要な量だけ電流を流すようにします。これが抵抗器の大きな役割です。

そのほかに、大きな電圧を下げて必要な電圧を取り出す役割もあります。また、電気のエネルギーを熱に変える機能もあります。

抵抗器の仕組みは、電流が抵抗器を通ると電子が抵抗体の原子とぶつかることで移動速度が弱まる、というものです。

そしてこの際に電子の持つエネルギーが摩擦によって熱に変換され、発熱します。この発熱の原理が、ドライヤーやアイロンなどに利用されています。

抵抗器の種類

抵抗器は大きく分けると、固定抵抗器、可変抵抗器、半固定抵抗器などの種類があります。

形状はそれぞれ異なりますが、左ページの写真は固定抵抗器のものです。写真にあるような形で回路のなかに組み込まれて、その役割を果たします。

固定抵抗器には、材質の面で炭素皮膜抵抗器、金属皮膜抵抗器などの種類があります。

炭素皮膜抵抗器は、セラミックスの円筒の表面に焼き付けられた炭素の皮膜が抵抗体となり、抵抗値が調整されているものです。

金属皮膜抵抗器は、抵抗体にニッケルクロムなどの金属を使っているため、温度による抵抗値の変化やノイズが少ないのが特徴です。

固定抵抗器には写真にもあるように、真ん中に色の線が数本入っています。これはデザインで勝手につけられているものではありません。それぞれの色の組み合わせによって抵抗値が表示されているのです。

可変抵抗器はまったく違う形状をしています。可変抵抗器は抵抗値をつまみなどで変えることができます。わかりやすくいうと「ボリューム」です。音量調整のボリュームは可変抵抗器そのものです。

また、電圧や電流の微調整のために使われる可変抵抗器は半固定抵抗器と呼ばれます。

固定抵抗器の実物例

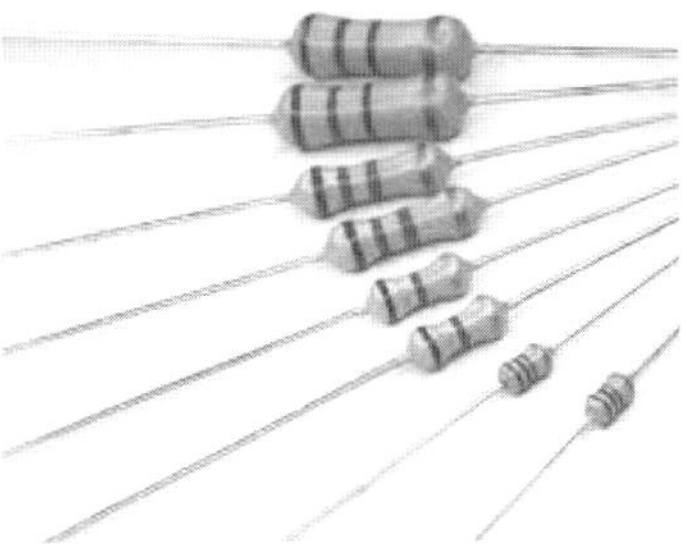

基板に組み込まれた固定抵抗器です

33 コイル、トランスの役割と種類

コイルとトランスはともに銅線の巻線構造が基本です。コイルはインダクタ、トランスは変成器とも呼ばれます。

コイルとトランス

コイルと**トランス**は、特性面では少し異なりますが、いずれも銅線の巻線構造で、原理的にも電磁誘導を活用しています。

コイルはインダクタとも呼ばれ、トランスは**変成器**、**変圧器**とも呼ばれます。前項までで触れたコンデンサ、抵抗器とともに、受動部品に属する重要部品です。

JEITAの集計では、一九年度（一九年四月〜二十年三月）合算の受動部品国内メーカー世界出荷額一兆五七〇四億円のうち、コイル（インダクタ）とトランスの合算は二九七五億円です。前項までで触れたコンデンサ、抵抗器と、コイル、トランスを合算すると、受動部品のうち九九％以上になります。

コイルとトランスの役割

コイルは、電流の安定化や電圧の変換などに用いられます。

コンデンサなどと組み合わせることで、特定の周波数の信号だけを取り出す共振回路やフィルタ回路を構成することができます。また、コイルには電源回路用の大型のものから小さなものまで様々あります。

コイルはエネルギー蓄積装置として使われることもあります。半導体素子と組み合わせて、正確な電圧制御にも使われます。コイルは送電網でも使われており、落雷による電圧変化を弱めるなどの役割を果たしています。この用途のコイルは一般的にはリアクトルとも呼ばれます。

また、二つ以上のコイルの磁束を結合することで、トランスとなります。トランスは変圧器ともいわれるように、電圧を変える役割をします。

身近なところでは、電圧の異なる海外で日本の電化製品を使うための旅行用変圧器にもトランスが使われていますし、電柱の上部にあるバケツ型の設備も大型のトランス（変圧器）を製品化したものです。

コイルとトランスの種類

コイルにはバーアンテナコイル、チョークコイル、同調・共振コイル、電源用コイルなどの種類があります。

バーアンテナコイルは受信のために、チョークコイルは高周波の減衰のためなどに用いられます。ともにラジオや無線の受信機などに装着されています。同調・共振コイルも特定の周波数の信号を取り出すためなどに用いられます。

トランスには、電圧の降圧や昇圧のために用いる電源トランスのほか、オーディオトランスなどもあります。ただし、オーディオトランスは、最近は回路が進化していることもあり、あまり使われなくなっています。

コイルのイメージ

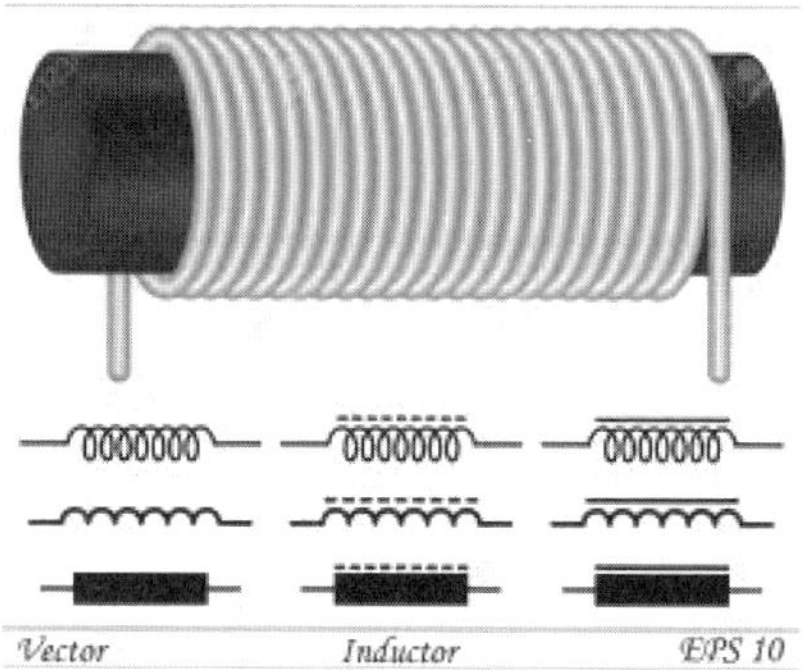
Vector
Inductor
EPS 10

コイルは電線を巻いた構造です。空芯もあります

34

スイッチ①

市場動向と役割

スイッチはほとんどのエレクトロニクス製品に加えて住居の壁面など身の回りにもあり、機能上、機器の外側など見える位置についているので、最もなじみのある電子部品といえます。

接続部品

前項までで取り上げたコンデンリ、抵抗器、コイル（インダクタ）とトランスは、一般電子部品のなかで受動部品という仕分けになります。

スイッチはコネクタとともに、接続部品に分類されています。ＪＥＩＴＡによる一九年度（四月～三月）の日本メーカーにおける世界出荷額は、接続部品全体で九七一二億円でした。このうち四一八一億円がスイッチで、残りがほぼコネクタです。スイッチとコネクタで一般電子部品の接続部品の大部分を占める形です。

スイッチはほかの電子部品と違って、機器の内部や回路に組み込まれているものよりも、エレクトロニクス製品などの外部に露出しているものが多いので、かなり身近な電子部品という位置付けでしょう。

スイッチの役割

スイッチは、定義的には機械的に電気信号の切り替えを行う部品のことを指します。

ボタンを押す、あるいはツマミをひねるなどといった操作によって、回路における通電の状態を操作する電子部品です。単純にオンとオフだけでなく、回路を切り替えて電気が流れる場所を変更することもあります。

仕組みとしては、それほど複雑なものではありません。内部に接点としての金属片を持ち、操作によってその接点が離れたりくっついたりすることで通電のオンオフ動作を行う、というものが一般的です。

回路を切り替えるときには、操作によってある接点が別の接点とつながる形となります。

スイッチの動作方式

こうしたスイッチの役割によって、スイッチはいくつかの動作方式に分けられます。

スイッチを押すたびにオンとオフが切り替わっていく動作方式を**オルタネイト動作方式**といいます。一般的なエレクトロニクス製品や家庭内の照明スイッチなどは、ほぼこの動作方式になっているかと思います。

対して、スイッチの操作時のみ一時的にオンの状態を維持するものがあります。この動作方式を**モーメンタリー**といいます。

モーメンタリーと同じ役割ですが、ボタン形式でボタンを押し込んでいる間だけ電流が維持されるものをプッシュブルともいいます。ゲームセンターのクレーンゲームなどゲーム機器に使用されています。小型の携帯LEDライトなどもこのタイプのスイッチになっています。

ほかにも、ボタンを押し込むと一時的にロックがかかるものもあります。ボタンを押すと電流が流れた状態が維持され、ロックを外す操作が必要になるものです。これを**プッシュロック・ターンリセット**といいます。非常停止用押しボタンスイッチなどが、この方式のスイッチを採用しています。

モーメンタリースイッチの実物例

押している間だけオンの状態になります

35

スイッチ②

構造やニーズによる分類

スイッチは構造上も多くの種類があります。押しボタン式は一般的ですが、押し方のタイプは機器のニーズによっていくつもあります。押しボタン式以外にも多くの種類のスイッチがあります。

スイッチの種類

動作方式の違いは仕分け上の区分ですが、すぐわかる違いとしては構造上の分け方があります。

スイッチは用途によって構造も色々な種類のものがあります。スイッチは機器の外部などに露出しているので、使いやすいように樹脂やプラスチックで覆われているものも多くありますが、構造上はいくつかのタイプに分かれます。構造上の代表的なスイッチについて、いくつか例を挙げていきます。

押しボタンスイッチなど

押しボタンスイッチは最も一般的かもしれません。色々な形状のものがありますが、いずれも押すことでオンとオフの操作を行います。一般的に切り替えのみのオルタネイト動作方式だけでなく、モーメンタリーやプッシュブル動作方式のスイッチもこの構造のものが多いです。

派生形として**照光式押しボタンスイッチ**というのもあります。照光式は必ずしも押しボタン式スイッチだけではないのですが、電気のオンオフを光などで連動させて状態を示すニーズに対応します。

照光を実現するための光源には、いまではLEDランプが組み込まれて使われていることが多いです。

また、押しボタンスイッチに類似していますが、**ロッカスイッチ**というのもあります。家庭の照明のスイッチなどはこのタイプがほとんどです。上下に押すことでオンとオフを切り替えるタイプです。

　また**タクタイルスイッチ**（タクティルスイッチ）は、構造的には押しボタン式と同じですが、押し込むことで電流が流れ始め、離すと遮断されるモーメンタリーで、パソコンのキーボードなどに採用されています。

ほかのスイッチ

トグルスイッチは、ツマミ（レバー）を上下左右に倒してオンオフするスイッチです。回路の切り替えに適しているため、いまでも様々な電子機器に用いられています。

　動作させるために鍵が必要なタイプは**キーロックスイッチ**と呼ばれています。鍵を入れて回すことでスイッチの役割も果たすものです。安全性を求められる工作機械などに導入されています。

　ほかにも、おもちゃなどによく使われている**スライドスイッチ**や、ホットプレートなどに使用されて回転させることで電流をコントロールする**ロータリースイッチ**、小型のスライドスイッチである**ディップスイッチ**、わずかな力で瞬時にオンオフ操作ができる**マイクロスイッチ**などもあります。

代表的なスイッチの種類

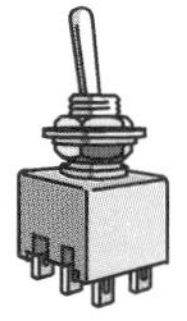
トグルスイッチ

ロッカスイッチ

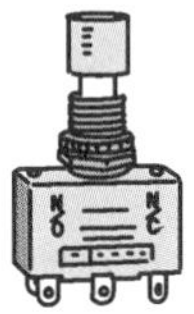
押しボタンスイッチ

照光式押しボタンスイッチ

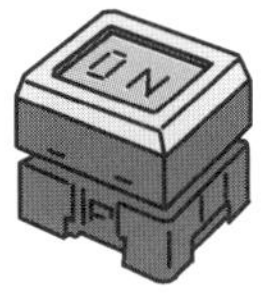

液晶表示多機能押しボタンスイッチ

キーロックスイッチ

ロータリースイッチ

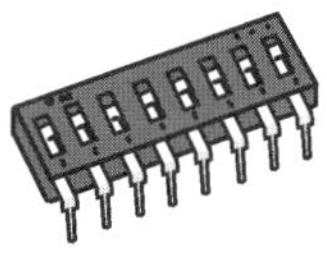
スライドスイッチ

タクタイルスイッチ

36

コネクタ①

コネクタの定義と種類

コネクタは、一般電子部品のうち接続部品の代表格です。ケーブルと電子機器などをつなげる重要な役割を果たします。

コネクタとは

コネクタは、スイッチとともに接続部品に分類されます。正確には、コネクタとスイッチが接続部品のほぼすべてを占めます。

接続部品の事業規模はスイッチとコネクタでほぼ二分されますが、コネクタの規模のほうが若干大きいので、コネクタは代表的な接続部品といえます。

コネクタは、接続のための電子部品です。外部からの信号をつなげ、電線と電気器具 あるいは電線同士などを接続するために用いられているのがコネクタということになります。

わかりやすい例でいうと、AV機器などをケーブルによってほかの機器と接続する場合に、ケーブルの先端と機器側についているものなどです。信号を正確に伝える必要があるため、重要な電子部品といえます。

一般ユーザーが機器をつなげる場合だけでなく、電子機器の内部接続にも多く使われています。

コネクタを使わないで接続部分を固定してしまうと、その接続を解くにはケーブルを切断しなければならなくなります。このため、コネクタによる接続方式が多く用いられているのです。

プラグ、レセプタクル、アダプタ

電線あるいは機器をつなげる側も、そしてつながれる側も、どちらもコネクタです。**プラグ**、**レセプタクル**、**アダプタ**などの部品は代表的なコネクタです。

プラグは一般的ですが、つなげる側だけをプラグと思っている人が多いかもしれません。しかし、つながれる側の部品もプラグです。

前者をオス型プラグ（差し込みプラグ）、後者をメス型プラグという言い方で区別することもあります。

オス型プラグは、一般的にはコードなど電線の先端に取り付けられており、メス型プラグと脱着することで接続・切断を行います。

オス型プラグとメス型プラグのセットではなく、メス型プラグ単体のものもあります。ソケットやジャックなどが代表的ですが、AV機器などに外部接続のためについているものです。これらを総称してレセプタクルという言い方もします。

なお、オス型のプラグである差し込む側のコネクタを接栓ともいいます。同様に取り付けられる側のコネクタについては接栓座といいます。接栓はケーブル側にあるコネクタで、接栓座は機器やパネル側にあるということになります。当然ながら同じ規格のオス型とメス型でなければ接続できません。

また、異なる種類の規格を互いに接続するための変換コネクタとして、アダプタがあります。アダプタは広義でコネクタの一種です。ACアダプタや無線LANアダプタなどモジュール化して使用されています。

コネクタのイメージ

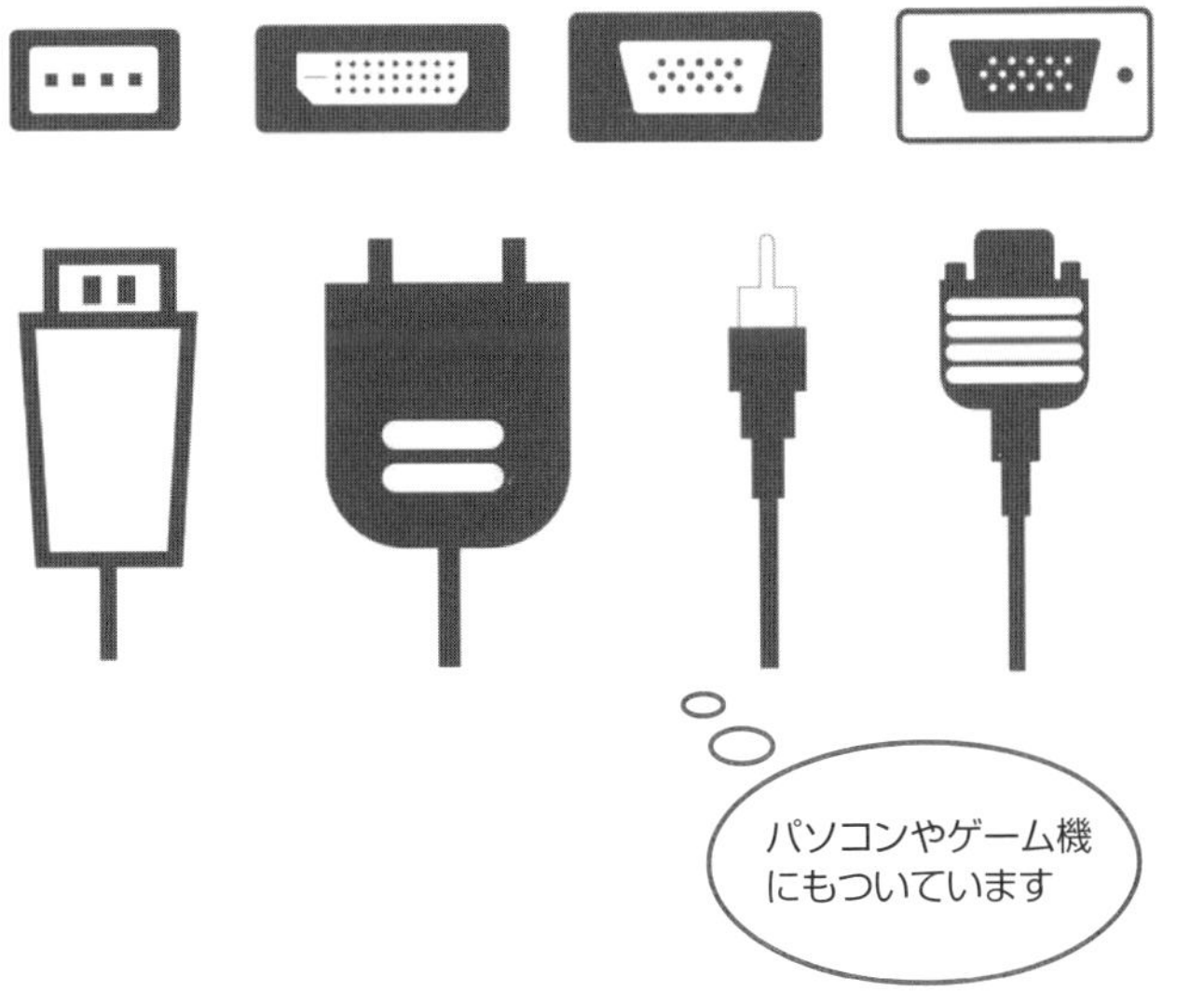

37

コネクタ②

主な分類と同軸ケーブルコネクタ

コネクタは、用途からAV機器用やパソコン用などに分類されることもありますし、形状から角型や丸型などと分類されることもあります。

コネクタの用途別種類

コネクタには多くの種類があります。用途的には幅広く、用途別の分類でいうと、AV機器用、通信用、パソコン用、電源用、光ファイバ用、照明用、車載用などがあります。

ほかにも形状からの分類で、丸型、角型などがあります。丸形には一般的なDINコネクタも含まれます。DINコネクタはAV機器用だけでなくパソコン用としても使われます。

ほかにも実装形態別として、基板対基板(基板間)コネクタ、基板対電線コネクタ、電線対電線コネクタなどという分け方もあります。

同軸ケーブルコネクタ

同軸ケーブルコネクタは、同軸ケーブルの端に使われて、機器に接続する役割を持ちます。

同軸ケーブルは、軟銅線の中心導体の外側に絶縁体と呼ばれる被覆の層を何層にも重ねた構造になっています。内部の導体(芯線)を覆う外部導体が電磁シールドの役割を果たすため、外部からの電磁波などの影響を受けにくい構造なのが特徴で、多くの用途で使われています。

同軸ケーブルは、高周波信号の伝送用ケーブルとして使われており、無線通信機器、テレビなどの放送機器、ネットワーク機器、電子計測器などに幅広く用いられています。

主なコネクタ

コネクタ名	特徴	主な用途
RCA コネクタ	３つの色などに分かれており、近年は減少してきたが、かつてはほとんどのＡＶ機器がこのタイプ	AV 機器
DIN コネクタ	丸型コネクタ。音声の入出力あるいは電子楽器のMIDI 端子、パソコン用など。内側に２～８本のピンがある	音声機器、パソコン
フォンコネクタ	標準プラグ・ジャックは、楽器や一部のマイク、ヘッドホンなどに用いられる	音声機器
USB コネクタ	パソコンなどにある標準的なコネクタ。マウスを接続したり、プリンタなど周辺機器にもつなぐ	パソコン
HDMI コネクタ	映像や音声などを１本のケーブルにまとめて送ることのできる通信規格に対応したコネクタ	AV 機器
電源用コネクタ	商用電源を機器に接続するための AC 電源用コネクタ、商用電源から AC アダプタと呼ばれる機器で降圧整流（電圧安定化）した２次側のものを機器へ接続するための DC 電源用コネクタなどがある	電源
同軸コネクタ	同軸ケーブルを接続するためのコネクタ。BNC コネクタや、無線通信・計測機器用のM型、N型などがある	無線・通信機器
光コネクタ	光ファイバ用のケーブルコネクタ	光通信

▲HDMIコネクタ

▲RCAコネクタ

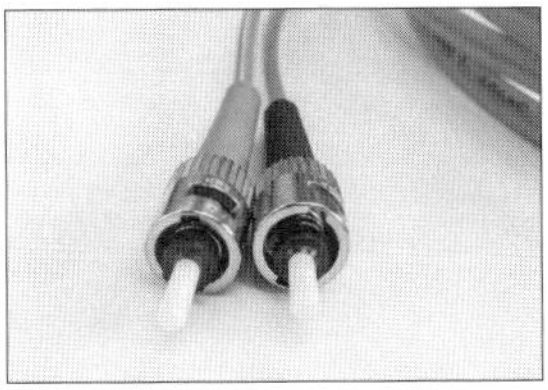
▲光コネクタ

38

プリント基板①

プリント基板の定義と役割

プリント基板は電気製品のなかにほぼ必ず入っていて、一般的には緑色をしたボードです。電子部品が実装されていて回路が組み込まれています。

プリント基板の名称

プリント基板は電気製品、エレクトロニクス製品には必ずといっていいほど入っています。複雑な機器の内部を見る機会はあまりないかもしれませんが、ラジオなど簡単な構造の製品を分解すると、緑色のボードの上に電子部品が載っているのを目にしたこともあるかと思います。その緑色のボードがプリント基板です。

プリント基板は基板だけの状態だと絶縁体のボード上に導体の配線を施されただけの状態であり、ここに半導体や一般電子部品など多くの電子部品を搭載して回路で接続して、機能させます。

正確にいうと、基板の回路を設計して、配線を施しただけの状態のものがプリント基板で、この回路に沿ってそれぞれ電子部品が実装されて、全体として機能する状態になったものはプリント回路基板ということになるのですが、この定義は曖昧です。

全体として「基板」ということもありますし、前者を生基板、後者を実装基板という言い方もします。生基板という言い方は、基板を作る前の原材料を指す場合もあります。

状態によって名称が変わる場合も

なお、プリント基板に電子部品を搭載して接続する作業のことを基板実装あるいはマウントといい、基板実装機（マウンタ）という専用の機械があります。

基板だけの状態のときをプリント配線板またはPWB*、実装が済んだ状態の基板をプリント回路基板、

用語解説

＊PWB　Printed Wiring Boardの略称。
＊PCB　Printed Circuit Boardの略称。

PCB*と呼ぶこともあります。

プリント基板はなぜ緑色か

プリント基板のボードは緑色のものが多いのですが、なぜ緑色になっているかというと、レジストという保護膜の色です。プリント基板の緑色の部分は、ソルダーレジストと呼ばれ、成分は樹脂と顔料です。

基板のベースは銅張積層板という銅ベースのものが主流ですが、酸化すると導電性などがなくなるので、酸化を避けるための保護目的でソルダーレジストが保護膜として形成されています。

ソルダーレジストは、酸化保護だけではなく、はんだ付けの際に不必要な部分へ付着するのを防止する役割もあります。また絶縁性のほか、永久保護膜としてほこりや熱、湿気などから回路パターンを守る役割などもあります。実際にはレジスト原料は緑だけではなく、他の色もあるのですが、プリント基板の検査工程では目視検査などもあるため（最近は自動検査機も増えています）、赤や黄色ではなく、人の目にやさしい緑色が使用されています。

プリント基板の実物例

プリント基板は電子部品の機能をつなげる役割があります

プリント基板②

39 リジッド基板とフレキシブル基板

プリント基板にはリジッド基板とフレキシブル基板があり、リジッド基板には片面板、両面板、多層板などがあります。多層板は技術の進展により、数十層に及ぶ高多層のものも登場しています。

プリント基板の種類

プリント基板は、大きく分けると**リジッド基板とフレキシブル基板**があり、その中間に位置するリジッドフレキシブルというのもあります。

リジッドは「固い」という意味そのままで、よく目にする板状の基板です。一方、フレキシブルは「柔軟な」という、これもそのままの意味で折れ曲がる基板です。

リジッド基板は紙にフェノール樹脂を含侵させたものやガラスベースなど固い素材をベースにしますが、フレキシブル基板のほうは薄いポリイミドやポリエステルなどのフィルムをベースとしています。

フレキシブル基板は、デジタルカメラなどの曲線部分に入れることができるため、自由なデザインのものに多く搭載されていたのですが、近年はリジッド基板が小型化したため、フレキシブル基板からリジッド基板に置き換わっているケースが増えています。

リジッド基板には片面板、両面板、多層板などがあります。片面板は配線が片面だけのもの、両面板は両面にあるもの、多層板は基板のなかにも配線を何層にも施したものです。

両面板は基板上に穴をあけて基板の表面と裏面をつなぐスルーホール板(両面スルーホール板)が一般的ですが、穴をあけていない両面ノンスルーホール板というものも存在します。

多層板は数十層に及ぶものもあり、これらは高多層、超高多層とも呼ばれます。高多層になればなるほど、複雑で高機能な回路を組み込めることはいうまでもあ

ワンポイントコラム
量産ということを別にすれば、多層板のなかでも超高多層板として100層以上のものも出ています。

りません。

また、多層板の製造において、一層ごとに積層、穴あけ加工、配線形成などを繰り返す製法をビルドアップ工法と呼びます。この工法によって作製された基板はビルドアップ基板と呼ばれます。

これらの基板の種類ごとにメーカーも分かれます。フレキシブル基板は比較的専門メーカーが強い市場です。多層板やビルドアップ基板には大手メーカーも存在するほか、電機メーカーが内製しているケースもあります。

リジット基板の素材の違いによるタイプ別の特徴

紙フェノール基板	紙にフェノール樹脂を含浸させた基材。別名ベークライト基板（ベーク基板）。安価で加工性が良い。プレスによる打ち抜きで民生機器用基板を大量生産する際に使われ、白物家電向けなどに多く使われる。機械的強度が低く、反りが生じやすいのが難点。難燃性も一番低い。通常、片面基板として利用されている
ガラスエポキシ基板	ガラス繊維製の布（クロス）を重ねたものに、エポキシ樹脂を含浸させた基材。電気的特性・機械的特性ともに優れ、両面板や多層板の材料として民生用電子機器全般に使われる
紙エポキシ基板	紙にエポキシ樹脂を含浸させたもので、紙フェノール基板とガラスエポキシ基板のそれぞれの特徴を併せ持つ。紙ベースのため片面基板として利用される
テフロン基板（フッ素樹脂基板）	テフロン樹脂を絶縁材に用いた基板。比誘電率や誘電正接が低く、高周波特性に優れているため UHF、SHF 帯の回路に用いられる。価格が高価なためアンテナなどの通信用に利用されるが、一般民生品には用いられていない
セラミックス基板	アルミナ（酸化アルミニウム）にタングステンなどでパターンを形成したものを焼成して製造する。高価だが、高周波特性や熱伝導率に優れる
LTCC 基板	低温同時焼成セラミックスがベース。セラミックス基板は高価で、高温で焼結させるために配線に銅が使えないが、LTCC 基板はガラスにセラミックスを混合して低温で焼成するため配線に銅が使える。高周波モジュールの基板としてセラミックス基板からの置き換えが進んでいる

センサ①

40 IoT社会の中で増す存在感

センサは、すべてのものがインターネットにつながるIoT社会のなかで、重要な役割を担います。

センサの定義と重要性

センサは、その対象となるものの情報を収集し、機械が取り扱うことのできる信号に置き換える電子部品です。人も五感と呼ばれる視覚、聴覚 触覚などによって得た情報に基づいて行動しますが、センサによって機械は人以上に正確に動くことが可能になります。

センサが果たす役割については、改めて触れるまでもないでしょう。すべてのものがインターネットにつながるIoT社会においては、センサは特に重要な役割を果たします。

これまでにもセンサはエレクトロニクス機器を大きく進展させてきました。今後はさらにセンサをAI（人工知能）で活用することなどで新たな展開も期待されます。

センサの分類

センサには何とおりもの分け方が可能です。最もわかりやすいのは、何を検知するかという対象による分け方です。

センサが検知するものとして、具体的には音、温度・湿度、電気、磁気などの対象物があります。また、こうした対象物の動き、すなわち速度、加速度、位置、距離、振動、力など物理的な事象も測定します。

検知の仕方においては、接触型だけでなく、非接触型のセンサもあります。二〇二〇年に新型コロナウイルスの感染拡大が深刻化してからは、非接触型のセンサ技術が特に注目されています。

代表的なセンサと用途

センサ	センシングの具体例
赤外線センサ	赤外線の特性を利用して、監視カメラに用いたり、温度センサとしてサーモグラフィに用いる
放射線	医療用のほか、非破壊検査として産業用などにも幅広く使用されている
近接センサ	物体の接近や検出対象の有無を非接触で検出する
変位センサ	センサヘッド内部のコイルに高周波電流を流し、高周波磁界を発生させて距離を測定する
超音波センサ	超音波で対象物との距離および液体の流量を測定したり、液体を識別したりする
磁気センサ	磁場（磁界）の大きさ・方向を計測する。測定対象における磁場の強さ、交流・直流、測定場所の環境など
ジャイロセンサ	物体の角度（姿勢）や角速度あるいは角加速度を検出する。ジャイロスコープともいわれる
音センサ	音（空気の振動）を計測する。振動検出には、電磁誘導、圧電効果、振動板の静電容量の変化を利用した方式がある
温度センサ	温度を制御したい場所の温度を測定し、電圧、抵抗値などの物理量に変換して出力する
湿度センサ	機械の作動は湿度の影響を受ける。高分子静電容量式と高分子抵抗式の 2 種類がある
圧力センサ	高速で変動する圧力を測定する動的計測方式、水深や圧力容器の内圧を計測する静的測定方式がある
加速度センサ	いくつかの方式がある。自動車、ゲームのコントローラなどにも使われている

41 新技術への活用と広がる市場

センサ②

センサには多くの種類がありますが、光を用いたセンサが多く、サーモグラフィなどは市場拡大が見込まれます。加速度センサなどを活用したドローンも生まれています。

光センサ

光を用いたセンサは、方式も用途も多数あります。光センサには、赤外線、光ファイバ、レーザ、さらに放射線などの方式があります。対象物の存在を検知する用途などが多いのですが、温度など対象物の状態を測定する場合にも使用されます。

赤外線は、可視光に比べて波長が長いため、散乱しにくい性質があります。赤外線センリは、警備・防衛用途や、野生動物の観察・研究用途にも広く用いられています。これらの用途には、赤外線のなかでも主として近赤外線が用いられていますが、赤外線には遠赤外線というものもあります。

遠赤外線のセンサは、対象物の温度を検知できる性質があります。これを利用した技術が**サーモグラフィ**です。新型コロナウイルス感染拡大によって施設などに設置されるようになった温度センサは、この赤外線センサのサーモグラフィが一般的です。

センサに光ファイバを連結し、狭い場所などへ自由に設置して検出できるようにしたものが**光ファイバセンサ**です。管の先など複雑な場所の先の検知に役立ちます。

加速度センサ

加速度センサは、加速度を測定し、適切な信号処理を行うことによって、対象物の傾きや動き、振動や衝撃といった様々な情報が得られます。

加速度センサは我々の身の回りの多くのものを進化

させています。新しい価値観による製品も生まれています。携帯機器の画面表示の向きは、何気なく縦にしたり横にしたりして使用しているかと思いますが、これは加速度センサが重力の方向を検知することで実現しています。

デジタルカメラではカメラの傾きを加速度センサによって計測して画面に表示しています。固定した状態で使用するパソコンにおいても、衝撃を検出した際にHDDを保護する目的で搭載されています。そのほか、ゲーム機やプロジェクタにも加速度センサの技術は使われています。

ドローン

ドローンはセンサ技術の塊（かたまり）といっても過言ではありません。ドローンがあのように複雑な飛行ができるのは、加速度センサと**ジャイロセンサ**によって傾きや回転角速度などを検出できているからです。

ほかにもセンサ技術の応用も含めて、ドローンにおいてはGPS、電子コンパス、気圧センサなどがそれぞれの役割を果たしています。ドローンに搭載したカメラは、カメラそのものもセンサ技術を応用しているので、センサで複雑な動きを実現しつつセンサで撮影しているといえます。

センサの活用例

▼サーモグラフィ

▼ドローン

column

倒産とは？

倒産の形態について、皆さんはご存知でしょうか？

前章のコラムで、A社の倒産事例を紹介しました。A社は破産を申請して、ほかにも数社が連鎖倒産したのですが、A社社長はだまされたのか、計画倒産だったのか、よくわかっていません。

倒産という言葉は、実は曖昧で、明確な定義があるわけではありません。会社がなくなった場合、それを倒産と理解する人も多いでしょうが、事業は継続していても倒産しているケースもあります。逆に事業はやめてしまったのに倒産ではないというケースもあります。

前者は民事再生法や会社更生法などに基づく法的申請を行った場合で、事業は継続しています。後者は取引先への支払いなどをすべて済ませたうえで事業をやめる「廃業」の場合です。

廃業と倒産は区別されていますし、区別すべきです。

ひとつの考え方として、取引先や銀行への支払い（借入金の返済）を行えない事態に至った場合、それは倒産と呼んでよいでしょう。

法的申請には、民事再生法、会社更生法、破産法などに基づくものがあります。そのほかに、弁護士が任意整理をする場合もあります。

民事再生法と会社更生法による法的申請では、会社の事業としては存続します。取引先への支払いや銀行からの借入金などを大幅にカットしてもらうことで承諾を得た場合、会社は存続して事業を継続することになります。とはいえ、もともと経営が悪化していたのですから、多くの場合はそのままの継続ではなく、スポンサーという形で別会社が経営を肩代わりするケースが大半です。

破産の場合はそうした手段をとらずに、会社は事業継続を完全に断念し、残っている資産で負債（借入金など）の一部を返済して幕を閉じます。現実には倒産事例の大半は破産です。

第3章

変貌を遂げたエレクトロニクス製品市場

技術の発展により製品のカテゴリーが広がったことで、かつてはエレクトロニクス業界の領域ではなかった自動車などの製品もエレクトロニクス製品とみなされるようになっています。本章では近年、変貌を遂げたエレクトロニクス業界の製品市場について見ていきます。

How-nual
図解入門
業界研究

自動車①

進む自動車の電装化とECU

自動車はもはやエレクトロニクス製品(電子機器)です。そして自動車市場は「百年に一度」といわれる変革期を迎えています。なぜ百年に一度なのか見ていきます。

加速する自動車の電装化

かつて**自動車**は、極めてメカニカルな、機械的な製品で、エレクトロニクス市場とは距離がありました。**カーオーディオ**などエレクトロニクス製品が搭載されていることで接点はありましたが、自動車そのものはエレクトロニクス市場のカテゴリーからは外れていたため、自動車をエレクトロニクス製品とする見方はあまりなかったのです。

しかし近年、カーナビの普及、ETCの搭載、ドライブレコーダの登場など電装品のカテゴリーが格段に増えました。さらにいまでは電装品だけでなく、中枢の運転制御の部分でも半導体や電子部品が用いられています。そして、エンジン駆動がリチウムイオン電池に置き換わりつつある今日、自動車はエレクトロニクス市場とのつながりが切っても切れないものになりました。もはや車は電子機器といっても過言ではありません。

自動車の歴史を振り返ると、当初は蒸気を原動力としていましたが、やがてガソリンエンジンが誕生、このガソリンエンジン車が量産体制に入ったのが一九〇〇年代のはじめとされています。

そこから百数十年が経ち、カーエレクトロニクスとしての新しい自動車が始まるということで、現在、自動車市場は「百年に一度の変革期」を迎えているといわれるようになったのです。メーカーサイドのキャッチフレーズという側面もありますが、自動車が大きな変革期を迎えていることは間違いありません。そしてその変革期を支えているのがエレクトロニクス部品です。

ECU

自動車を支える電子デバイスは、**ECU（エレクトロニック・コントロール・ユニット）**と呼ばれています。

ＪＥＩＴＡの集計では、ＥＣＵは二〇二〇年におよそ一一兆九四九六億円の市場規模となっています。電装化の進展で、このＥＣＵの市場規模は、一〇年後の二〇三〇年にはほぼ五割増となる一七兆八二八〇億円にまで達するとＪＥＩＴＡでは推測しています。

ＥＣＵは、メータやディスプレイの制御装置などで構成される情報系、安全ブレーキ装置や電動パワーステアリング装置、先進運転支援装置（ＡＤＡＳ）などで構成される安全系、電圧変換装置（ＤＣ／ＤＣコンバータ）、電力制御装置などの環境対応系、エンジン制御装置、エンジン停止装置などのパワートレイン系、カメラ、レーダなどセンシング系、さらにエアコンやヘッドランプの制御装置、スマートキーなどのボディ系などに分類されます。

いずれも市場規模は拡大傾向にあります。情報系は、自動車がネットワークにつながることでニーズがさらに広がることが確実です。安全系やセンシング系は運転支援や自動運転には不可欠な技術ですし、環境対応系やパワートレイ系は世界的な排出ガス規制によって、需要はさらに広がるでしょう。

自動車は、かつてはメカニカルな製品として独立した市場でしたが、いまではエレクトロニクス市場の大きな担い手として位置付けられています。

電気自動車のイメージ

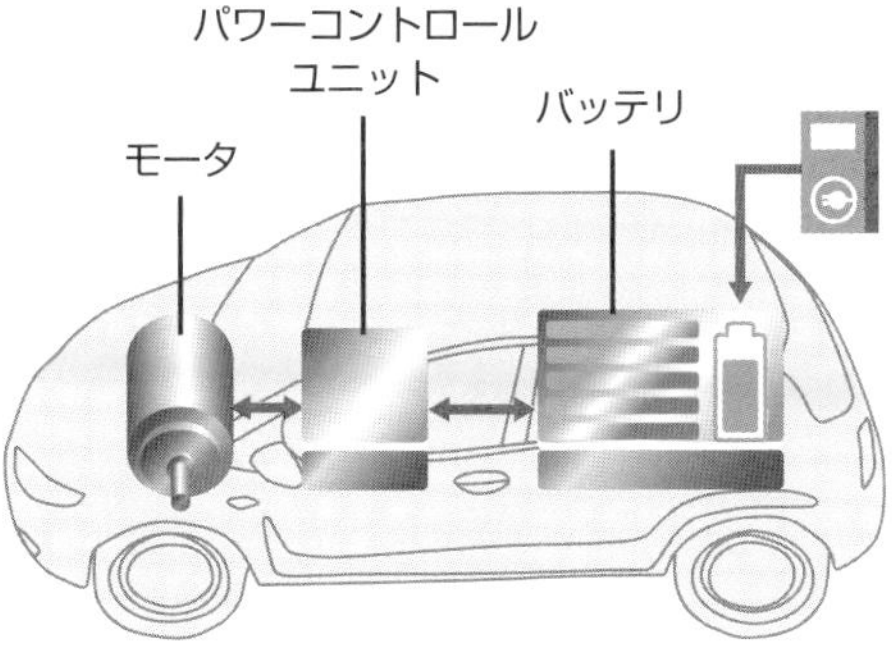

自動車②

自動車市場を大きく変えるCASE

2

自動車市場の「百年に一度」の変革期をCASEという観点から見ます。CASEとは、そもそも何なのでしょうか？

CASEが切り開く自動車市場

自動車市場が「百年に一度」の変革期といわれているなかで、それを象徴しているのがCASEです。

CASEとはそもそも何なのか？　自動車市場においては、Connected（通信機能）、Autonomous/Automated（自動運転）、Shared & Service（**シェアリング&サービス**）、Electric（電動化）といった領域で技術革新が進んでおり、この頭文字をとったのが「CASE」です。

Cは「通信機能」を示します。すでにカーナビの普及は進み、電装品はエレクトロニクス製品として位置付けられています。今後はさらにこの通信接続が進み、自動車のネット接続によって車載機器の機能を拡充するだけでなく、自動車の位置情報取得などにも利用されていきます。

Aは「**自動運転**」で、Cの通信機能とも大きく関わりがあります。自動車の位置情報から周囲の交通状況を確認することで、自動運転の安全性が高まり、実用化に近付くことになるのです。究極的には、すべて自動で車を走らせる技術が目指されていますが、我々はその入口にいるのです。衝突防止の警報および自動ブレーキ装置、車線キープのステアリングアシストなどは既に標準装備されている車が多く、それらの延長線上に完全なる自動運転化があります。

Sは「シェアリング&サービス」で、エレクトロニクス関連としてはスマートキーや非接触充電器などが該当します。シェアリングについては、自動車の運用スタイルであるため直接的には自動車のエレクトロニクス技術と大きな関わりはないものの、自動車市場の方向性としては注目されます。

Eは「電動化」で、これも急ピッチで進んでいます。環境汚染問題への対応上、各国が国策として取り組んでいる部分もあり、電気自動車（EV）が一般的となる時代が来ることは間違いありません。

CASEで注目される電子デバイス

JEITAでは、CASEのなかで特に注目される電子デバイスとして、**通信モジュール**、**カメラモジュール**、**スマートキー**、**インバータ***などを挙げています。

なかでも、自動運転などのための情報収集を支えるカメラモジュールは、二〇三〇年には市場規模が二〇一七年比でおよそ五倍に拡大、省エネを支えるインバータもやはり六倍になると見ています。

自動車のCASE

C（通信機能）	車に通信機能を搭載し、車の状態だけでなく、車内から外部の様々なデータを収集分析する。車が動くパソコンになる
A（自動運転）	自動車の完全自動運転の実用化にはまだ少し時間がかかる見通しだが、2020年4月には「レベル3」まで法制化されている（次項で解説）
S（シェアリング＆サービス）	車のシェアという考え方で、自動車の新たな普及につながる可能性がある
E（電動化）	電気自動車（EV）など二次電池による走行は自動車の本格的なエレクトロニクス機器化を意味する。環境問題への対応もあり、脱ガソリンは急務である

用語解説

***インバータ**　直流電流を交流電流に変換するための電源回路・装置のこと。エアコンなどの家電や照明器具、エレベータなど様々な分野で活用されている。

自動車③

自動運転時代の到来と新市場

3

自動車の完全自動運転の時代が見えています。すでにメーカーは部分的ではありますが、自動運転機能を取り入れた車を市場に投入しています。

条件付きの自動運転時代に突入

二〇二〇年四月、道路交通法と道路運送車両法の改正法が施行され、国内の公道上で**自動運転レベル***のレベル3までの自動運転が法律上は解禁になりました。

「レベル3」の自動運転機能が搭載された自動車においては、条件は限定されるものの、ドライバーがシステムや周辺状況を絶えず監視するという義務から解き放たれています。わかりやすくいえば、一定条件のもとではハンドルから手を離してもいいことになったのです。

ここでいう「一定条件」とは、「高速道路の同一車線で、時速六〇キロ以下で走行している」という前提のなかで、さらに「走行中に不具合が生じ、レベル3での運転が可能な走行条件を逸脱した場合に、いつでもドライバーが運転を代われる状態にある」というものです。まだ限定的ではありますが、完全自動運転に向けて、法整備が進んでいることの意味は大きいです。

これまでの道路交通法では「運転行為をするのは人間」であることが当然の前提でしたが、改正された道路交通法では新たに「自動運行装置」という概念が導入されたという点が注目されます。装置が運転するということが概念として認められた意味は大きいと思われます。

自動車は完全自動運転の時代に、少しずつではありますが、確実に近付いています。

用語解説

＊**自動運転レベル**　自動運転技術の水準に応じて設けられた０～５のレベルのこと。日本では米国の非営利団体SAEによる定義を採用している。

完全自動運転の時代はいつごろか？

自動車市場は、完全自動運転の実用化に向けて、技術的にどのへんのレベルまで来ているのでしょうか？

「レベル3」の自動車は、国外の一部メーカーよってすでに実用化されているとはいえ、国内外のほとんどの自動車メーカーがまだ「レベル2」までの「部分的な運転サポート」を実用化したにとどまります。

究極の完全自動運転「レベル5」の実用化がいつになるか？　これは予測の域を出ません。

政府主導のＩＴ総合戦略本部が二〇一七年に策定した「官民ＩＴＳ構想・ロードマップ二〇一七」のなかでは、二〇二〇年代前半に高速道路における「レベル3」相当の条件付き運転自動化を実現させ、二〇二五年前後には高速道路における「レベル4」を実現させるとしています。

「レベル5」の時代までにはもう少し時間がかかりそうです。しかし欧州では、二〇三〇年代には完全自動運転の標準化を目指すとしており、遠からず実現するでしょう。

自動運転の定義（レベル分け）

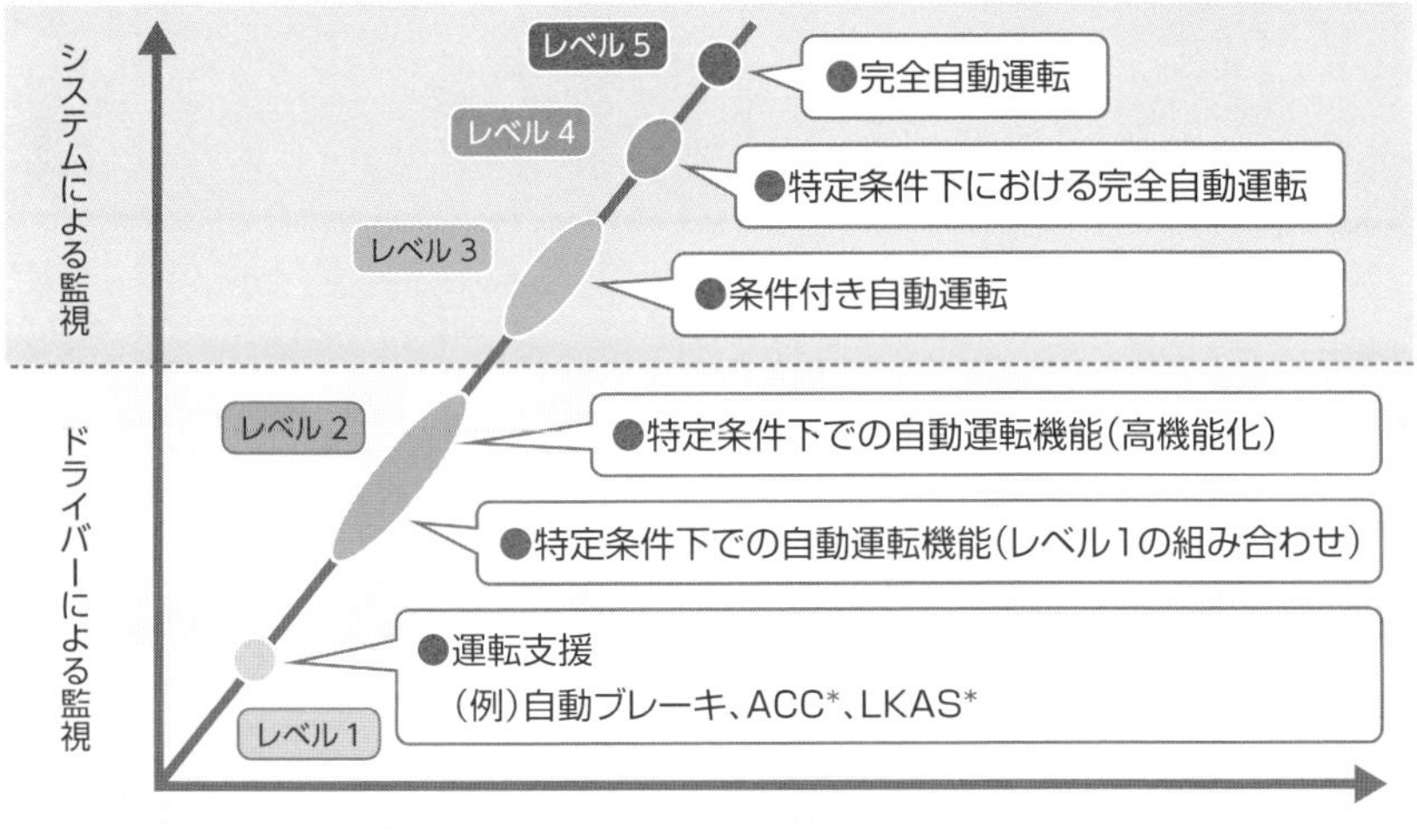

参考：国土交通省

用語解説

＊ **ACC**　Adaptive Cruise Controlの略称。自動車が車間距離を保ちながら走行するのを支援する機能のこと。

＊ **LKAS**　Lane Keeping Assist Systemの略称。自動車が高速道路を走行する際、車線の中央付近を維持するように操作を支援する機能のこと。

4 消費者ニーズの変化と失われた市場

オーディオ機器①

かつては「オーディオ機器で音楽を楽しむ」というのが一つの文化でした。しかしいまや音楽はスマホで聴くのが主流となり、オーディオ機器の市場は失われています。

オーディオ機器市場の衰退

オーディオ機器メーカーを取り巻く市場環境はここ数十年で大きく変わりました。

市場ニーズの変化のなかで、オーディオ市場はどう変わってきたか、オーディオメーカーは生き残るためにどのような対応をしてきたかをこの項では取り上げます。

かつては、音楽を聴くためにオーディオ機器が必要なのは当然のことでした。いまでは死語に近い言葉ですが、デッキと呼ばれるオーディオ機器があり、形式はテープ、カセット、CDなど様々に変化しましたが、デッキを中心とするオーディオ機器で音楽を楽しむのが一般的でした。しかし、ソニーがウォークマンを発表して音楽を持ち歩く時代が始まり、いまではスマホや携帯型デジタル音楽プレーヤで気軽に音楽を楽しむのが主流になっています。

ソフトもレコードやテープからCDになり、さらにクラウドなどから入手することで手元に音楽のソフトを持つことさえ必要ないという時代になりました。

音質に極端なこだわりさえなければ、音楽を楽しむうえでは、もはやオーディオ機器は必要ありません。音楽を聴くにはスピーカさえあればいいという時代になりました。しかもそのスピーカさえ、音楽を聴くためだけのスピーカではありません。本来はスマホの付属部品としてのスピーカだったり、「OKグーグル。今日の天気は？」と話しかけるAI（人工知能）のためのスマートスピーカというのが実態なのです。

オーディオ機器メーカーが求められているマーケットは、この数十年で極めて小さくなりました。

こうしたなかで、オーディオ機器メーカーが大きく変化するのは当然のことです。かつてはデッキ、アンプ、イコライザ、スピーカなどを組み合わせたコンポーネントステレオ（コンポ）がまさにオーディオ機器でしたが、いまではこうした需要は高級オーディオとして残っているだけです。オーディオ機器が売れる時代は終わってしまいました。

カーオーディオにも迫る変革

かろうじて車載用のオーディオ（カーオーディオ）機器市場はまだ残っていますが、このカーオーディオにも大きな変化が求められています。

「3-1　進む自動車の電装化とECU（自動車①）」の項でも取り上げたように、自動車市場の変化のなかで、カーオーディオの位置付けも変わりつつあります。

音楽だけを楽しむカーオーディオの時代を経て、カーオーディオはカーナビと一体化するようになり、さらに今後は**コネクテッドカー***、自動運転化などとの連携も求められています。

自動車の変化とともに、カーオーディオの市場も今後さらに変わっていくことは間違いありません。

自動車が「百年に一度」の変革期にあるなか、搭載されるカーオーディオにも変化が求められるのは必然です。通信機能を兼ね備えた製品として、カーナビとともにカーオーディオも位置付けられていくと思われます。

オーディオコンポのイメージ

基本は、デッキ、スピーカ、リモコンで構成されています

用語解説

＊**コネクテッドカー**　ICT端末としての機能を持つ自動車のこと。車両の状態や周囲の道路状況などのデータを取得し、分析して活用することが期待されている。

5

オーディオ機器②

日本メーカーの変遷と事業転換

オーディオ機器の市場が縮小するなか、オーディオ機器メーカーの「いま」はどうなっているのでしょうか。オーディオ機器メーカーがどうやって生き残っているのか見ていきます。

CMも最先端だったオーディオ機器メーカー

オーディオが若者の文化だった時代には、オーディオ機器メーカーのCMにはその時代の最先端アイドルが採用されていました。

パイオニアのCMにはアイドルとして絶頂だった時代の宮沢りえが出演し、強烈なインパクトを残しています。同じくオーディオメーカーだった**クラリオン**も、CMにはアグネス・ラムをはじめ、鳥丸せつこ、宮崎ますみなどを起用しており、クラリオンガールはグラビアアイドルの登竜門であり最高峰的な存在となっていました。オーディオ機器のCMにアイドルが起用されていたのは、もちろん偶然ではありません。オーディオ機器そのものが、当時の若者にとって理想的な生活の一部だったからこそ、トップアイドルがCMに起用されていたのです。かつての若者にとって、オーディオ機器を持つのは一人暮らしを始めるときの第一歩だったといっても過言ではありません。

その代表的オーディオ機器メーカーのパイオニアとクラリオンはいま、どうなっているのでしょうか。

パイオニア

パイオニアはいまではもうオーディオ機器を手がけておらず、上場会社でもありません。

パイオニアは二〇一五年に自身のオーディオ機器事業を同業のオンキヨーに売却、さらに二〇一九年には香港の投資ファンドから資本を受け入れて傘下に入り、株式の上場を廃止しています。

現在は香港の投資ファンド、ベアリング・プライベート・エクイティ・アジアという会社がパイオニアの親会社であり、日本に拠点は置くものの香港資本の会社という形になっています。

パイオニアは今後、自動運転に欠かせない地図データを活用して、走行中の自動車に様々な情報を提供するソリューションビジネスなどの本格事業化を目指す予定となっています。自動運転化など自動車産業が大きく変わろうとしているなか、オーディオ機器事業には見切りをつけて、自動車に搭載されるカーナビで生き残りを目指そうとしているのです。

クラリオン

クラリオンも同様です。クラリオンも上場のオーディオ機器メーカーでしたが、徐々にオーディオ機器からカーナビに主力を移すなか、日立製作所から資本を受け入れていました。しかし二〇一九年にフランスのカーナビなど車載機器・自動車部品メーカー大手、フォルシア・エス・イー傘下に入ることになり、日立製作所傘下を離れ、フランスのフォルシアの子会社となり、上場を廃止しました。いまではフランス資本のカーナビメーカーということになります。

奇しくも、パイオニアとクラリオンという一時は日本を代表するオーディオ機器メーカーだった二社は、ともにいまでは外国資本のカーナビメーカーになっているということになります。

かつてのオーディオ機器

PIONEER
音と光の未来をひらく
SELFIE R7
PIONEER COMPACT MINI COMPONENT
X-R7：標準価格149,800円（税別）
サウンドフィールドプロセッサー、チューナーアンプ、CD、デッキ、スピーカーシステムの一体価格／リモコン付属、アンテナ工事費別

パイオニアが1990年代に販売していたオーディオコンポ「SELFIE R7」。宮沢りえ出演のCMで若者の人気を集めた

提供：パイオニア株式会社

6

家電量販店①

大手企業の再編の歴史

エレクトロニクス製品を買うのは家電量販店、というのが常識だった時代がありました。ネットショップの隆盛でその地位は揺らいでいますが、それでも家電量販店は生き残っています。

家電量販店市場

家電量販店の市場規模はおよそ六兆円程度と見られています。ネットで何でも買える時代となり、家電量販店は衰退の一途かとも思われがちですが、全体の市場規模だけを見ると、意外にもこの一〇年間、ほぼ横ばいで推移しています。しかし、家電量販店市場が変わっていないわけではなく、生き残りの激しい競争の繰り返しのなかで、淘汰を繰り返しながら、全体の市場規模を保っているというべきでしょう。

家電量販店最大手は**ヤマダ電機**で、これを追う存在なのが**ビックカメラ**、**ヨドバシカメラ**（ヨドバシホールディングス）、**エディオン**、**ケーズデンキ**（ケーズホールディングス）などです。

家電量販店市場は淘汰の繰り返し

一方でこうした大手に呑み込まれていった量販店も多くあります。

ビックカメラ、ヨドバシカメラと並び「ＹＳＢ」と呼ばれ、首都圏で高い知名度を誇る量販店として、「さくらや」がありました。

新宿駅の東口を出たところにあった大型店舗には多くの人が一度は足を踏み入れましたが、経営不振から曲折を経て二〇一〇年に倒産（特別清算）、その一部の店舗はビックカメラが継承しており、さくらや新宿店もいまはビックカメラの店舗になっています。

新宿東口を代表する店舗がさくらやだったのなら、かつては家電量販店の街だった秋葉原を代表する量販店は、石丸電気であり、ラオックスでした。

誰もが目を引く赤い大きな「石」の字のネオンサイン。その「いしまる〜」というCMソングも有名でしたが、石丸電気はエディオンに統合され、いまでは石丸電気を屋号として残す店舗はありません。

また「ラオックス」も誰もが知る家電量販店大手で、秋葉原だけでも多くの店舗を構えていました。しかし経営が悪化して、二〇〇九年に中国の大手家電量販店を運営する蘇寧電器（現・蘇寧易購）の傘下に入り、秋葉原に店舗は残っていますが、実態は免税店です。

ほかにも、閉鎖あるいは業態を変えた家電量販店は多数あります。社長が有名だった城南電機はすでに廃業していて、ワットマンはいまでも存在はしていますが、実際にはリユースショップになっています。ベスト電器はヤマダ電機に買収され、コジマも、パソコンのソフマップも、いまではビックカメラ傘下です。エディオンはデオデオとエイデンが合併してできた会社です。

市場としてみれば、家電量販店市場は一定規模を保っているのですが、再編と淘汰を繰り返している市場といえます。

家電量販店ランキング

（2020年度、単位百万円）

順位	社名	売上高（決算期）	
1	ヤマダ電機	1,611,538	（20年3月期）
2	ビックカメラ	894,021	（19年9月期）
3	エディオン	733,575	（20年3月期）
4	ケーズデンキ	708,222	（20年3月期）
5	ヨドバシカメラ	704,600	（20年3月期）
6	ノジマ	523,968	（20年3月期）

※ヨドバシカメラは非上場のため決算の正式発表はしていない

7

ヤマダ電機の歴史とこれから

家電量販店②

家電量販店の最大手、ヤマダ電機の経営戦略とは？　そのサクセスストーリーから見える家電量販店市場そのものの未来像を探ります。

ヤマダ電機の歴史（過去）

　ヤマダ電機は量販店首位の存在であり、ダントツの経営規模を誇っています。年間売上高はもちろんですが、企業価値を示す総資産や上場会社としての指標となる時価総額についても二位以下を圧倒的に引き離している、業界のガリバー的な存在です。

　ヤマダ電機の出発点は「町の電気屋さん」でした。最初から成功が約束されていたわけではありません。

　ヤマダ電機は、よくある町の電気店として、群馬県前橋市で一九七三年に「ヤマダ電化サービス」という商号でスタートしています。当初は店舗面積八坪、夫婦二人での開業でした。それが創業から半世紀、高度経済成長やバブルという時代の波があったという幸運はありますが、ともかく年間売上高が一兆六〇〇〇億円を超える企業にまで発展したのです。

　ヤマダ電機の歴史を知ることで、何が違っていたかを知ることは重要です。

　ヤマダ電機は、夫婦二人の創業時から経営理念として「創造と挑戦」を掲げていた、と山田昇会長はのちに語っています。これは成功したいまだからいうのではなく、実際にそうだったと思われます。

　だからこそ創業から五年後には早くも店舗数を五店舗に増やしています。当初から拡大路線を目指していたのがうかがわれます。

　そして一〇年後の八三年には法人化して、株式会社ヤマダ電機を設立。その後も、FCチェーン展開、大型総合家電店舗テックランド開店、ロープライス戦略開始、物流センターの開設など次々と挑戦的な戦略を掲げ、経営規模を拡大していきました。「創造と挑戦」という電気店を立ち上げたときの志が今日のヤマダ電機を築いたといっても過言ではないでしょう。

さらに九十九《つくも》電機やベスト電器など同業を買収することで家電量販店としてのスケールメリット拡大を図り、今日を築いたといえます。

ヤマダ電機の現在と未来

しかし、国内家電量販店市場が右肩上がりではなくなったいま、ヤマダ電機は何をターゲットにしていくのでしょうか？

それは、家電量販店市場の今後の在り方や可能性を含めて興味深いテーマです。

その答えは近年のヤマダ電機の戦略にあります。

ヤマダ電機は二〇一一年にエス・バイ・エルを、さらに二〇一二年にはハウステックホールディングスを、それぞれ買収して子会社化しています。二〇一三年にはヤマダ・ウッドハウスを設立、二〇一八年にはこれらハウス事業を統合して、ヤマダホームズを設立しています。

ヤマダ電機の新たなビジネスモデルは、電機製品を含めたトータル的な住宅環境の提供です。

経営悪化と親子による経営権の争奪で世間を騒がせた大塚家具を二〇一九年に買収したのも、こうした戦略の延長線上にあります。

建て売り住宅事業において、新築住宅とともに家電と家具をすべてトータルで提供するという戦略がどこまで成功するかは未知数です。

また、家電売り場に家具を置いて抱き合わせで販売するという戦略についても、家電を買いに来た人が一緒に家具もそろえるというニーズがどれほどあるか、あるいはその逆に家具を買う人が家電を買うことがあるのかなど、疑問視する声も少なくありません。

しかし、家電量販店トップのヤマダ電機が家電量販店市場の可能性そのものを大きく開こうとしているのは間違いありません。

そこにあるのは、夫婦二人での創業時から掲げている「創造と挑戦」という戦略にほかなりません。

テレビ①

液晶テレビで躍進したシャープ

日本市場で液晶テレビを牽引したのはシャープでした。シャープは、液晶テレビで一時期は利益も得ましたが、損失も大きく、最終的に資本を譲渡することになります。

液晶テレビ

薄型テレビの主役は、いまのところ液晶テレビです。意外な印象を受けますが、世界で初めて液晶技術を実用化したのは**セイコーエプソン**です。

セイコーエプソンは一九八二年、世界で初めて液晶ディスプレイを使用したテレビ付きデジタル時計を開発、販売しています。

しかし、一般家庭向け(民生用)のテレビとしては**シャープ**が始まりと見られています。少なくとも日本市場において、液晶テレビを語るときにシャープの果たした役割を欠かすことはできません。

シャープ

シャープの会社年譜では、一九八八年に一四インチのTFTカラー液晶パネルの試作を完成、九四年には業界初の反射型TFTカラー液晶ディスプレイを開発しています。さらに九八年には町田勝彦社長(当時)が「二〇〇五年までには国内のテレビをブラウン管から液晶に置き換える」と発言しています。

実際に日本市場で見ると、液晶テレビが急速に普及したのは二〇〇〇年代以降ですが、すでに二〇〇〇年代中半には液晶テレビがブラウン管テレビの販売台数を上回っています。

総務省の統計では、薄型テレビの普及率は二〇〇七年にはまだ一九・三%とほぼ二割でしたが、わずか二年後の二〇〇九年には五〇・四%と一気に過半に達しており、この二年間が薄型テレビ、すなわち液晶テレビの普及時期と重なります。

町田社長の発言と実際の目標到達時期には多少のズレこそありますが、液晶がブラウン管に代わってテレビの主役になったのは間違いありません。

シャープは当初、三重県の多気町《たきちょう》にある三重工場で液晶テレビを量産していましたが、二〇〇四年に同じ三重県の亀山市に、のちに「**亀山モデル**」の名で知られることになる亀山工場を建設、同工場を液晶テレビ生産の拠点とします。さらに二〇〇九年には大阪府堺市の堺工場に液晶テレビ生産の主力を移しますが、皮肉にも液晶テレビ市場はこのころから価格競争の激化で利益がとれない市場になっていました。

シャープは、液晶テレビとともに成長してきましたが、その液晶テレビがシャープを窮地に陥れたのです。液晶テレビの価格下落による採算悪化から会社の経営が悪化、シャープは二〇一五年ごろから「液晶事業の再編」を掲げます。

そして二〇一六年、結局は会社ごと台湾の鴻海（ホンハイ）精密工業傘下に入り、日本の大手電機メーカーとしては初めて外国資本の企業になったのです。

早い段階で鴻海の名前は挙がっていましたが、やはりシャープが台湾企業の傘下に入ったのは衝撃的なニュースでした。

結果論ですが、液晶テレビへの過大投資と市場成長の読み間違いが経営権の譲渡につながったといえます。教訓とすべき出来事といえるでしょう。

シャープの旧本社ビル

▲現在はニトリに売却されています

9

テレビ②

日本メーカーの撤退と参入

液晶テレビは前項で述べたシャープの苦境に代表されるように、厳しい価格競争に見舞われ、国内メーカーの撤退が相次ぎました。しかし逆に参入あるいは強化している中堅も出ています。

日立製作所

日立製作所は、ブラウン管時代からテレビ事業を手がけ、薄型テレビとしては液晶テレビの「Wooo（ウー）」という自社ブランドも持っていました。

しかし二〇一二年には自社工場での国内生産から撤退、その後は他社からの製品調達で事業展開していました。しかし二〇一八年に国内販売からも撤退、ソニーとの一部提携など残っている部分もありますが、形のうえではテレビ事業からは撤退しています。

前項のとおりシャープは、液晶テレビへの過大投資が経営を圧迫した形の自滅ですが、日立製作所の場合は中国・韓国勢との価格競争に負けた、あるいは見切りをつけたといえます。

もう少しいえば、価格競争ではなく、付加価値路線を歩むことに限界を感じたのかもしれません。

東芝

東芝は「REGZA（レグザ）」ブランドでテレビ事業を展開しています。いまでも東芝のレグザブランドのテレビは家電量販店などに並んでおり、ネットでも購入可能です。東芝の液晶テレビはいまでも存在しています。しかし実際には、東芝はテレビ市場からすでに撤退しています。

東芝は、全額出資子会社の東芝映像ソリューションとしてテレビ事業を展開していましたが、二〇一七年一一月に同社の発行済み株式の九五％を中国電機大手の**海信集団**（ハイセンス）に売却することで合意しており、翌一八年には実際に株式を売却しています。

残る五％の株式は引き続き東芝が保有していますが、すでに東芝のテレビ事業は実際には海信集団のものので、東芝はブランドだけ貸している形です。

東芝映像ソリューションは、前社名が東芝メディア機器。二〇一六年に東芝グループの東芝ライフスタイルからテレビ、ブルーレイレコーダなど映像事業を譲り受け、東芝グループの映像事業を集約、以降はテレビ事業を統合して担っていました。

東芝のテレビ撤退は、もちろん市場環境の悪化という背景もありましたが、東芝自身の原発問題や粉飾決算などに端を発した再編という〝お家の事情〟があったことはいうまでもありません。

アイリスオーヤマ

アイリスオーヤマは、非上場会社ですが仙台に本社を構え、家電・生活用品の開発・製造・販売を手がけています。テレビCMなども数多く流しているので、ご存知の方も多いでしょう。

そのアイリスオーヤマは、二〇一九年一一月から液晶テレビを国内市場に投入し、テレビ市場に参入しています。

大手各社が前述のとおり撤退・資本撤収などをしているなか、市場に成熟感も強い二〇一九年末の段階での市場参入は話題にもなりました。

正確には、アイリスオーヤマでは、二〇一八年末から液晶テレビのテスト販売を行っていました。ただし、一九年の音声操作対応の４Ｋ液晶テレビの市場投入をもってテレビ事業への本格参入と位置付けています。

いずれにしても、大手の淘汰が済んだ時期での液晶テレビ参入となっています。４Ｋで液晶テレビが再び活性化するという経営判断のようです。

製品の生産は中国の協力工場へ委託しており、販売はホームセンター、家電量販店、ネット販売などへ展開して行う戦略です。

10 プラズマと有機ELの動向

テレビ③

テレビはブラウン管に始まり、そして薄型の液晶に移行しました。一時期、プラズマへという流れもありましたが、消えてしまって有機ELが登場、現在は液晶と有機ELの時代です。

プラズマテレビ

一時期は液晶テレビを脅かし、大型テレビの主役を担うかとも見られた技術が**プラズマテレビ***です。

実はプラズマテレビも日本の技術でした。一九九二年に富士通がプラズマテレビの技術を初めて開発、九三年には富士通ゼネラルがプラズマディスプレイをやはり初めて製品化しています。

プラズマテレビは寿命が長く、大画面では価格競争力もあるため、かつては小型・中型までは液晶、大型はプラズマになると見られていました。しかし、液晶テレビの高性能化と値崩れが進むにつれて競争力がなくなり、二〇一四年までにはすべてのメーカーがプラズマテレビの生産から撤退してしまいました。

パナソニック

パナソニックは、二〇〇〇年代後半には日本だけでなく、世界市場でもプラズマテレビのシェアナンバーワンの存在でした。

しかし二〇一三年には撤退を決め、一四年には撤退しています。

パナソニックは、民生用プラズマテレビのほか、電子黒板など業務用のプラズマディスプレイも手がけていましたが、すべて採算悪化から撤退しています。

パナソニックがプラズマディスプレイを量産化したのは二〇〇一年ですから、事業化していたのはわずか十年余ということになります。

用語解説

＊**プラズマテレビ**　画像を構成する画素の一つひとつがプラズマ発光によって描画される方式のテレビのこと。動きの速い映像や、映画などの暗いシーンの描画に優れている。

有機ELテレビ

現在販売されている薄型テレビは、液晶テレビと**有機ELテレビ***で、この二機種の争いとなっています。

有機ELテレビは液晶テレビと比べてまだ価格は高いのですが、その差は急速に縮まっています。液晶と違って自発光でバックライトがいらないことから、有機ELテレビは薄型化が可能であり、理論的には曲面などでも使用できるのが特徴です。

また画面も液晶テレビより鮮明で、特にバックライトのある液晶は完全な黒を実現できないのですが、有機ELテレビは完全な黒色を実現しています。

実はこの有機ELディスプレイについても、世界で初めて製品化したのは日本のソニーです。

二〇〇七年にソニーは一一インチの家庭用有機ELテレビを市場投入しています。しかし日本勢は先行することができず、二〇一三年に韓国LGディスプレイが有機ELディスプレイの量産化を果たし、このパネルを活用して、日本勢ではパナソニック、ソニーなどが有機ELテレビを市場投入しています。

有機ELテレビ

価格と耐久性の改善が
市場拡大のポイントです

用語解説
***有機ELテレビ**　バックライトがなく、自然発光方式で描画するテレビのこと。動きの速い映像や、深みのある黒色を再現することに優れている。また、一般的な液晶テレビよりも薄型のものが多い。

11

デジタルカメラ①

構造と市場の変化

フィルムカメラの時代と異なり、デジタルカメラ*(静止画用のデジタルスチルカメラ)は、ほぼエレクトロニクス部品のみで構成されています。近年は、スマホの登場により市場は大きく変化しています。

電子部品が制御するデジタルカメラ

フィルムに焼き付ける銀塩式カメラ(フィルムカメラ)の時代には、カメラはエレクトロニクス製品とはみなされませんでした。しかしデジタルカメラの登場によって、カメラもエレクトロニクス製品という位置付けになりました。

デジタルカメラは、フィルムの代わりにCCDやCMOSなどの光学センサを用いてデジタル画像データを生成します。また、メモリカードなどの記録メディアにデータを保存します。さらに、かつては写真を撮るときに取り込まれる光の量を調整、すなわち露出補正をする必要がありましたが、いまではこれもセンサなど電子部品による**AE(自動露出)**が当たり前になっています。

基本的な撮影から、付加価値をつけた撮影サポートまで、デジタルカメラの機能はすべて電子部品が担っています。

デジタルカメラの歴史

デジタルカメラの構造は意外にシンプルです。複数の電子部品の組み合わせです。そうしたこともあって、参入障壁が比較的低かった市場といえます。

結果として、もともとフィルムカメラを手がけていたカメラメーカーに加えて、二〇〇〇年ごろからデジタルカメラへの移行期になると、エレクトロニクスメーカーもデジタルカメラの生産を始めました。結果的に、デジタルカメラ市場には多くのメーカーが乱立する時

用語解説

＊**デジタルカメラ**　映像をデジタル化して記録するカメラのこと。動画を撮影するデジタルムービーカメラと、静止画を撮影するデジタルスチルカメラがあるが、一般的には後者を指す。ただし、動画を記録できる機種も多い。

代となりました。

さらに、こうした国内勢に韓国などの海外メーカーも加わったことで、二〇〇〇年代半ばには市場に早くも飽和感が生まれてしまいました。

加えて携帯電話のカメラ機能の性能が高まったことで、人々はデジタルカメラをわざわざ持つ必要がなくなり、多くの人がデジタルカメラではなく、携帯電話のカメラ機能を使うようになりました。

もともとメーカーが乱立していたなか、デジタルカメラ市場が停滞し、限定されたパイを奪い合う市場になってしまいました。

この結果、現在は一眼レフ、ミラーレスなどの高機能デジタルカメラのメーカーだけがほぼ残り、コンパクトカメラ市場は携帯電話（スマホ）に置き換わってしまいました。コンパクトカメラといわれたハンディなタイプのものからはほとんどのメーカーが撤退し、デジタルカメラの製造そのものから撤退したメーカーも少なくありません。

一眼レフカメラの構造

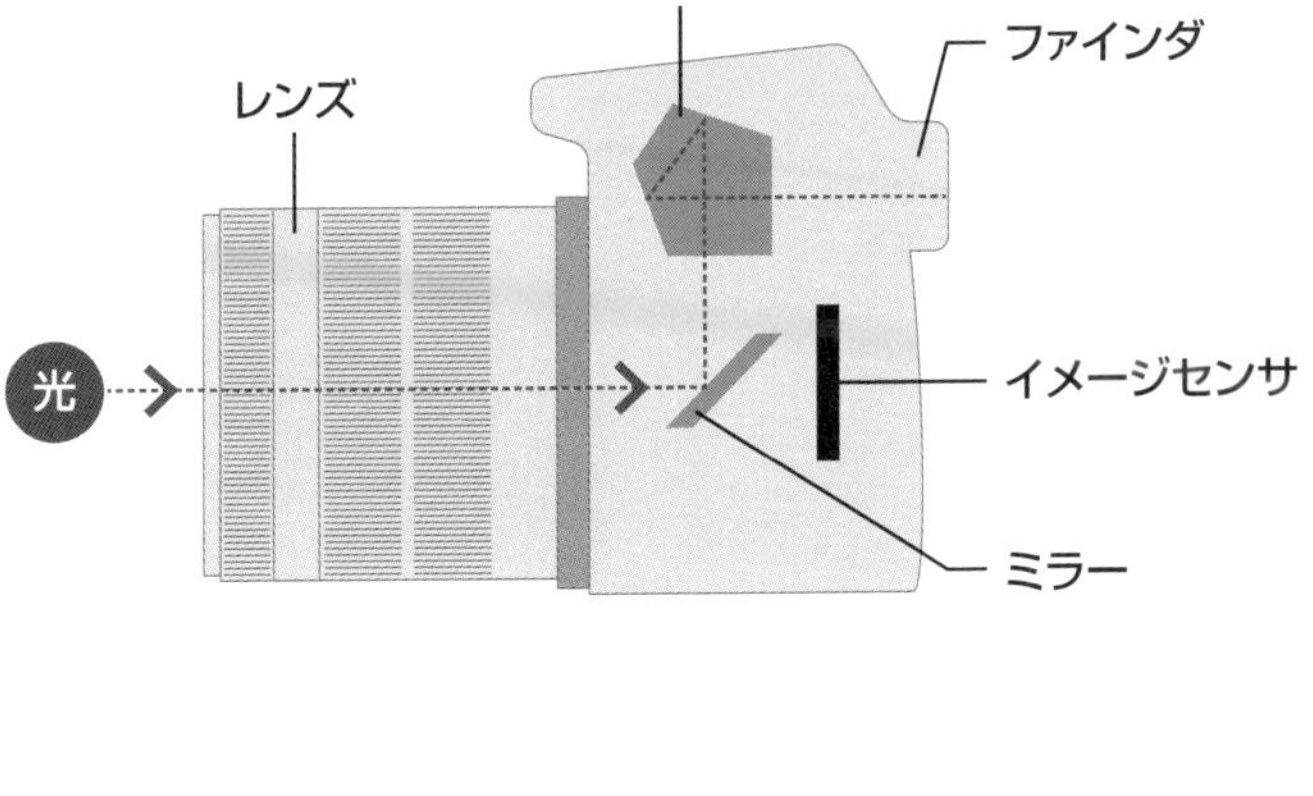

12

製造メーカーの淘汰の歴史

デジタルカメラ②

デジタルカメラ市場は、世界的に見てもキヤノン、ニコン、ソニーの日本勢が三強です。一方、三強以外の日本メーカーにおいては、撤退と再編が繰り返されてきました。

世界市場は日本メーカーの独壇場

デジタルカメラの世界市場においては、近年トップ3の存在に変化はありません。

一位と三位については、多少の入れ替わりはありますが、キヤノン、ニコン、ソニーが世界でも、そして日本国内でも三強の存在です。デジタルカメラ市場においては日本メーカーが上位を独占し続けています。

世界市場で首位のキヤノンは、二〇一八年の年計ベースで三割程度の世界シェアを占めており、ニコンとソニーのトップ3を合わせると八〜九割を占めます。

さらに、この日本勢三強に富士フイルムとオリンパスを加えると、実に世界のデジタルカメラ販売台数における九割は日本のメーカー製品という構図です（オリンパスは二〇二〇年に撤退を決めました）。

なお世界的に見て、日本勢と競合しているのは韓国サムスン電子で、同社は世界市場ではシェア四位という状況と見られています。

しかしこうしたシェアは実は表向きのシェアで、実際にカメラを自社で組み立てて内製しているところはむしろ少なく、製造そのものは中国系のOEM生産が上位を占めるという側面もあります。

デジタルカメラメーカーの淘汰

デジタルカメラは日本勢の独壇場ですが、国内メーカーではデジタルカメラ市場からすでに撤退したところもあり、淘汰と再編が激しかった市場の一つです。

デジタルカメラ市場は、一時期はニコン、キヤノン、ペンタックス、オリンパス、富士フイルムなどもともとのカメラ（光学機器）メーカーと、ソニー、パナソニック、カシオ計算機など家電・電子機器メーカーからの参入組が乱立する状況で、市場規模に比べてメーカーが多すぎる状況でした。

携帯電話のカメラ機能が高性能化するなか、日本勢の数社が生き残る形になって現在の勢力図が構成されたのです。

ミラーレス

デジタルカメラは現在、**ミラーレス一眼カメラ***に主流が移行しつつあります。

ミラーレス一眼カメラは、一眼レフと同等の高画質・高機能を維持しながら、小型・軽量化も実現したことから、人気となっています。

プロ用から初心者用までラインアップもあり、SNS用などで本格的な撮影をしたいという一定数の需要が見込まれます。ミラーレス一眼カメラは、当面はデジタルカメラ市場を支えると見られています。

ミラーレスカメラの構造

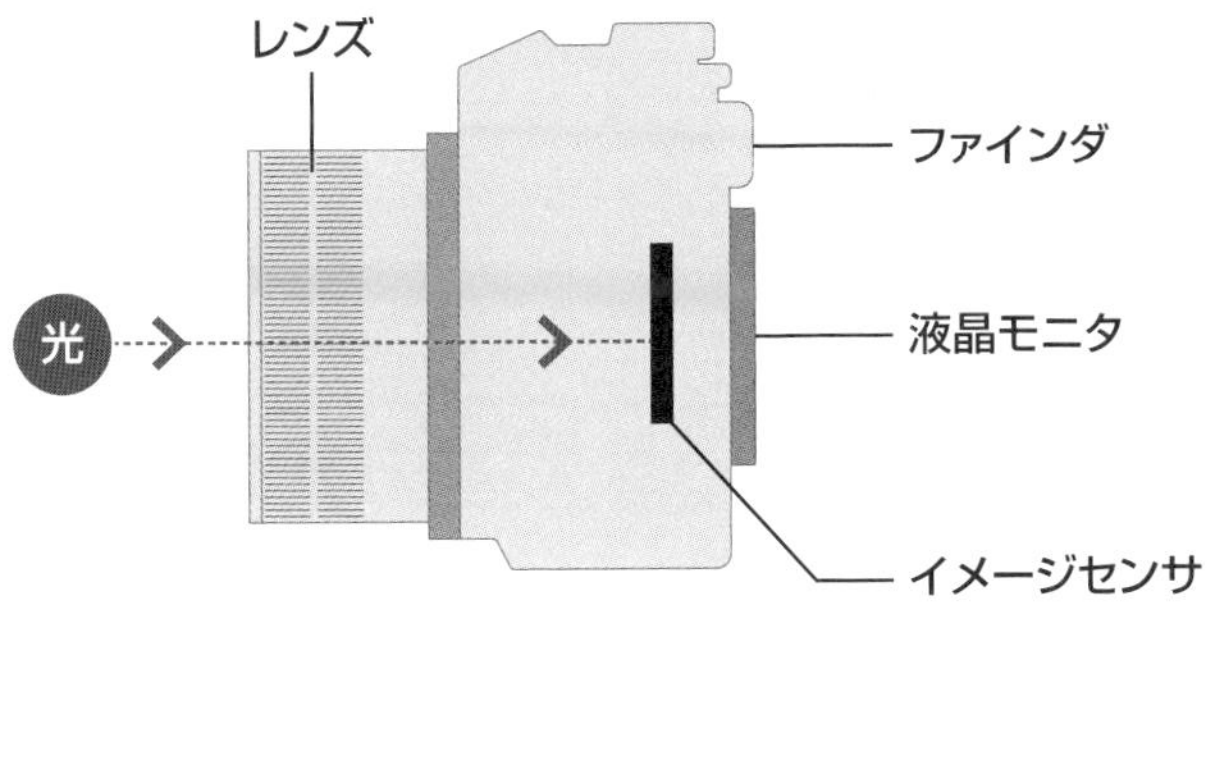

用語解説
*ミラーレス一眼カメラ　一眼レフカメラの光学式ファインダの代わりに電子ビューファインダや液晶ディスプレイを通じて像を確認する設計のカメラのこと。

13

デジタルカメラ③

京セラとペンタックスの変遷

デジタルカメラ市場では多くの淘汰があり、業界再編と撤退が繰り返されてきました。京セラとペンタックスもその例に含まれます。

市場から撤退したメーカーたち

デジタルカメラ市場からは、二〇〇五年に京セラが、二〇〇六年には**コニカミノルタ**（一眼レフ事業についてはソニーに譲渡）がそれぞれ撤退しています。

さらに二〇〇七年には**ペンタックス**がＨＯＹＡに買収され、二〇一八年にはコンパクトデジカメを主体にしていたカシオ計算機がデジタルカメラ事業から撤退します。

また、海外では二〇一二年に米国イーストマン・コダック社が倒産（連邦倒産法一一章、日本でいう民事再生法のため会社としては存続）するという出来事もありました。

京セラ

京セラは、二〇〇五年にデジタルカメラ市場から撤退しています。「ＫＹＯＣＥＲＡ」「ＣＯＮＴＡＸ」さらにコアなファンにはなつかしい「Ｙａｓｈｉｋａ（ヤシカ）」など複数のブランドを展開していました。

しかし二〇〇五年にデジタルカメラ事業からの撤退を表明。徐々に縮小して、二〇〇七年までにはデジタルカメラ事業から手を引き、ヤシカブランドだけは香港企業に売却しています。

余談ですが、京セラはデジカメ事業からは撤退しましたが、デジカメ製造で培ったレンズ加工などの技術は、現在の複合機など事務機器や携帯電話の製造に活かされています。

ペンタックス（現リコーイメージング）

ペンタックス（ＰＥＮＴＡＸ）は、現在はデジタルカメラをはじめ天体望遠鏡や内視鏡なども含めた各種光学レンズ機器製品のブランド名です。使用しているのは、**リコー**の子会社である**リコーイメージング**です。

しかし、もともとはペンタックスという名前のデジタルカメラメーカーで、株式も上場していました。「ペンタックス、望遠だよ」というテレビＣＭなどをご存知の方もおられると思います。

会社としてのペンタックスは、かつては旭光学工業という会社で、デジタルカメラが本格化した二〇〇二年にブランド名に社名を合わせる形でペンタックスという社名にしていました。

日本初の一眼レフカメラ「アサヒフレックスＩ」、世界初のフラッシュ内蔵オートフォーカス一眼レフカメラ「ＳＦＸ」などで業界のパイオニア的存在でしたが、経営が悪化、二〇〇七年にＨＯＹＡと経営統合します。

しかしＨＯＹＡがいったんは取り込んだペンタックスのデジタルカメラ事業から撤退することになり、二〇一一年にリコーに売却します。こうして誕生したのが現在のリコーイメージングです。

これらの流れをＨＯＹＡの側から見ると、ＨＯＹＡとしてはペンタックスのデジタルカメラ事業よりも、むしろ内視鏡など医療機器事業の取り込みと拡大に狙いがあったと思われます。

一方、買収した側のリコーは、それまではデジタルカメラとしてはコンパクト型しか手がけておらず、ＨＯＹＡがペンタックスブランドで展開するデジカメ一眼レフ事業を買収することで、一眼レフ市場に参入できることから決断した形となっています。

14

遊技機器①

パチンコとパチスロの市場

パチンコ・パチスロ機などの遊技機器はすべて電子部品で制御されています。このため、電子部品商社は遊技機器メーカーの業績浮沈に少なからず影響を受けます。

パチンコ・パチスロ機は電子機器

パチンコ・パチスロ機などの遊技機器をエレクトロニクス市場というと、違和感を覚える人がいるかもしれません。しかし、パチンコ・パチスロ台のなかを覗《のぞ》くと一目瞭然ですが、台のなかにはぎっしりと半導体が埋め込まれています。

また、機器の画面は液晶パネルです。さらにこれらの遊技機器を運営するホールは、パチンコ・パチスロ機だけでなく、台間玉貸機、ホール管理のシステム機器など多くのエレクトロニクス機器を活用しています。

遊技機器市場の盛衰は半導体メーカーやエレクトロニクス機器メーカーだけでなく、半導体商社にも大きな影響を与えます。

遊技機器市場

警察庁生活安全局のとりまとめによると、パチンコ・パチスロ店は、二〇一二年末の段階では全国に一万二一四九店ありましたが、二〇一六年末にはこれが一万九八六店にまで減少、さらに二〇一九年末ではついに一万店を割り込み、九六三九店にまで減少しています。

かつてはどこの街角にも普通にあったパチンコ店をいまではほとんど見かけなくなりました。パチンコ店の倒産という話は、多くの人が一度は聞いたことがあるかと思います。

また近年は、駐車場を完備した郊外型の大型パチンコ店が主流です。二〇一二年には一店舗当たりの機器台数が一〇〇〇台以下の中規模以下の店舗は三四〇店舗でしたが、二〇一六年には二四七店舗にまで減少、逆に一〇〇〇台を超える大型店舗は、一九〇から二八七店舗へと大幅に増加しています。

淘汰が進み、駅前の小さなスペースで営業していた小型店がなくなり、反対に広い駐車場スペースを確保した大型店が増えるという構図になっているのです。

パチンコ・パチスロのユーザー

新型コロナウイルスの感染拡大が続く二〇二〇年の初夏に、ソーシャルディスタンスなどまったくお構いなく、開店前からパチンコ店前に行列している人々が批判され、大きなニュースになりました。

「パチンコ店は三密」などとも批判されると同時に、それでも遠方から押しかけるパチンコ利用者に呆れる声が上がりました。

パチンコ・パチスロ市場は、実際にはこうした一部のヘビーユーザーに支えられているというのが現状です。逆にいえば、新型コロナウイルスの感染拡大という非常時にも利用する人は利用するという、固定客に支えられている市場なのです。

パチンコ・パチスロ店舗数の推移

形態	2015年	2016年	2017年	2018年	2019年
遊技機器店全体	11,310	10,986	10,596	10,060	9,639
パチンコ・パチスロ併設店	10,319	9,991	9,623	9,131	8,747
パチスロ専門店	991	995	973	929	892

参考：警察庁生活安全局

パチンコ店内▶

15

遊技機器②

市場の特殊性とこれから

遊技機器市場は特殊な市場です。テレビやカメラのように誰もが身近に感じているわけではありません。それだけに固有の特殊な背景もいくつかあります。

ギャンブル依存症対策で変革期に

パチンコ業界がヘビーユーザーに支えられているのは前述のとおりですが、ギャンブル依存症の温床という批判もあり、業界としてはこうした状況からの脱却を目指しているのが現状です。

ギャンブル性（射幸性）を薄めて、パチンコ・パチスロ市場を健全な娯楽市場にしようという動きです。これが二〇一八年二月から実施された風営法の改正です。

移行期間などもあるため、すぐに実施されているわけではないのですが、簡単にいうと、機器における出玉を従来のおよそ三分の二にまで抑えた新基準機に移行するという改正がその中身です。

もともと前述のように市場衰退が深刻なパチンコ・パチスロ業界にとって、新基準機はパチンコ・パチスロ離れを加速させてしまうのか、あるいは逆に健全な娯楽として新たな発展に向かうことができるのか、注目されています。

遊技機器市場は大きな岐路にあります。

遊技機器市場の特殊性

遊技機器は、メーカーが勝手にいつでもホールに販売できるわけではなく、**認定**と**検定**を受ける必要があります。

認定とは、ホールで営業する遊技機に対して許可を出すもので、検定とは遊技機の型式に対して許可を出すものです。

これらはともに都道府県の公安委員会で行うことが

できるのですが、現実的には指定試験機関である**保通協**（一般財団法人保安通信協会）に委託して**型式試験***を行っているのが実情です。

これらの審査には数カ月を要するうえに、型式試験を通らないこともあります。出玉率などが規定に適合しないというケースです。

審査に時間がかかり、さらに審査を通らないということになると、予定していた機種投入ができず、メーカーサイドにとっては大問題となります。これが結構よくあることなのです。

そもそも遊技機器は開発に年単位の時間がかかっており、市場ニーズもこの間には変化していくわけで、そこで最後に保通協の認定をとるというもう一つの難関があるというのが市場の特殊性を生んでいます。

さらに、検定の有効期間というのがあるため（通常は三年間）、メーカーは絶えず新製品を投入し続けなければならないという背景もあります。遊技機器メーカーはこうしたリスクを背負いながら製品開発を進めています。

遊技機器市場の特殊性

こうして世に出る遊技機器ですが、ヒット機種とそうでない機種とでは大変な格差がある市場でもあります。

ホールは人気のある機種をそろえる傾向があるので、人気がある機種はどのホールにも置いてあるし、そうでない機種はまったく売れないという格差が生じるのです。

一例を挙げると、通常は一万台から数万台というのが一般的な遊技機器一機種の販売台数なのですが、時代背景もありますが、**三洋物産**が二〇〇二年から二〇〇四年にかけて販売した「新海物語」は累計一六〇万台という大きな数字を叩き出しています。

三洋物産は後継機として「大海物語」や「スーパー海物語」などを出しており、これらもそれぞれ七十万台程度を販売したとされています。

用語解説

＊**型式試験**　保通協が都道府県公安委員会の委託を受けて、遊技機が規定上の条件を満たしているかどうかを調べる試験のこと。試験には手数料がかかり、一度試験に落ちた機種は同じ機種名で再度試験を受けられない。

16

遊技機器③

日本の機器メーカーの動向

遊技機器は特殊な製品であるため、メーカーはほぼすべてが専業メーカーです。メーカーも、そしてユーザーも限られたなかで競っている特殊な市場といえます。

遊技機器は専業メーカーだけの市場

遊技機器市場は、他のエレクトロニクス製品と違い、ほぼ専業メーカーだけの市場です。ほかの製品メーカーと違い、テレビも作り、カメラも作り、テレビ市場が厳しくなったら撤退して、ほかの製品に注力する、ということはありません。

例外は**セガサミーホールディングス**ですが、同社はもともとパチスロ専業メーカーだったサミーと、ゲーム機のセガが経営統合したため、ゲーム機も遊技機器も手がけているという形になったわけで、事業会社の**サミー**としては現在でも遊技機器の専業です。

パチンコ機市場

パチンコ機メーカーは推計では三十社以上あると見られていますが、前述のようにホールはヒット機種を中心に配置する傾向があるので、大手と零細の間では格差が出てきます。

大手としては、三洋物産、**SANKYO**、**京楽産業**、サミー、**平和**（オリンピアを含む）などがあり、この五社が上位五社と見られています。

年度によって多少の差はあるでしょうが、この五社で市場シェアの七割を占めているというのが一般的な見方です。

最大手は三洋物産です。三洋物産は、前項でも触れたようにメガヒットシリーズの「海物語」シリーズを抱えており、このラインアップでコンスタントにヒット機種を出せるのが強みです。

三洋物産や京楽産業・は、ともに非上場企業で、シェア上位に非上場企業が複数あるというのも市場の特殊性を表しています。

なお、業界の再編という言い方をすれば、平和はもともとパチンコ機の専業メーカーでしたが、二〇〇七年にパチンコ機とパチスロ機を手がけていたオリンピアを傘下に収めて経営統合しています。このため、統計上は平和とオリンピアは合算する形で一般的には集計されています。

パチスロ機市場

パチスロ機のメーカーはパチンコ機のメーカーより多く、現在は六〇社以上存在すると見られています。

大手メーカーとしては、大都技研、北電子、サミー、平和（オリンピア）、ユニバーサルエンターテインメントなどがあります。やはりこの上位五社で六割余の市場シェアを占めていると見られています。

パチンコ機と同様に、非上場が二社入っており、それも首位を争う大都技研と北電子がともに非上場というところが、市場の特殊性を示しています。

ホールに並ぶパチンコ台

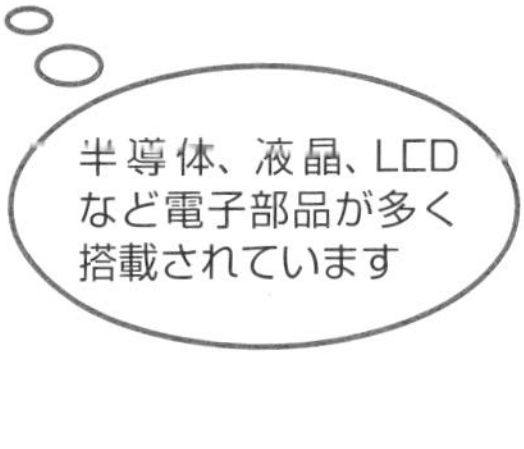
半導体、液晶、LCD
など電子部品が多く
搭載されています

17

無線通信機器の市場と周波数割当

無線通信機器①

ラジオ、短波放送、テレビ、業務用無線、アマチュア無線、スマホなど移動体通信機器、無線LAN……。これらのすべてが無線通信技術で支えられています。

幅広い無線通信の利用

そもそも無線通信とは、音声でもデータでも同じですが、送りたい情報を電波に乗せて送受信する技術です。**無線通信機器**というと、多くの人は真っ先にスマホ（携帯電話）を思い浮かべるでしょう。スマホは確かに無線通信機器の代表的な存在で、誰もが持っている身近な通信手段となっています。

しかし無線通信機器、あるいは無線通信機器市場の製品は、スマホだけではありません。

ラジオやテレビの送受信も無線技術です。Ｗｉ－Ｆｉや無線ＬＡＮもそうです。携帯電話だけでなく、**アマチュア無線機**や**業務用無線機**など市場もあります。技術活用を除いた純粋な無線通信機器だけでも、スマホ、携帯電話のほかに、**トランシーバ**、アマチュア無線機、業務用無線機、ＭＣＡ無線機器、特定小電力無線機器、無線ＬＡＮ装置など数多く存在しています。

ラジオからテレビに、アマチュア無線機から携帯電話に、時代とともに次第に進化して、人々の暮らしを支えているのが無線通信機器市場です。

無線は周波数が割り当てられている

無線におけるデータ・音声送受信に対しては周波数が定められています。

周波数とは、電気振動（電磁波や振動電流など）の現象が、単位時間（**ヘルツ**の場合は一秒）当たりに繰り返される回数のことで、波動や振動の周期の逆数で表示されます。ヘルツという単位が使われているのを聞いたことがあると思います。

この周波数については、割り当てが決まっています。どんな機器あるいは用途であっても、好きな周波数を使えるわけではありません。

周波数の割り当ては総務省が行っており、法令で規定されています。無線機器の利用は、この総務省で管理された法令に従う形になっています。

周波数については、三〇キロヘルツ以下の超長波（VLF）から、長波（LF）、中波（MF）、短波（HF）、超短波（VHF）、極超短波（UHF）、センチ波、ミリ波、サブミリ波／赤外線、可視光、紫外線、X線、放射線などに分類されています。

LFは電波時計に使われ、MFはラジオ放送に使われています。またHFは短波放送などといわれ、海外向けラジオ放送で使われていることを知っている方もいるでしょう。さらにVHFがテレビ、UHFはテレビだけでなく携帯電話や無線LANにも使われています。

またHFからVHF、UHFにかけての周波数には、アマチュア無線、業務用無線などもそれぞれ用途別で割り当てられています。

周波数による分類

名称	（英語表記）	周波数	主な用途（例）
超長波	VLF	30kHz 以下	潜水艦通信
長波	LF	30～300kHz	電波時計、船舶無線電信、航空・海上無線標識局、鉄道誘導無線、アマチュア無線
中波	MF	300kHz～3MHz	ラジオ放送（AM）、アマチュア無線（トップバンド）
短波	HF	3～30MHz	航空無線、短波ラジオ放送、アマチュア無線、トランシーバー玩具、ラジコン
超短波	VHF	30MHz～0.3GHz	産業用ラジコン、FM 放送、テレビ、防災無線
極超短波	UHF	0.3～3GHz	列車無線、アマチュア無線（特定小電力無線）、UHF テレビ放送、携帯電話、PHS、GPS、警察無線
センチ波	SHF	3～30GHz	衛星通信、BS・CS テレビ放送
ミリ波	EHF	30GHz～0.3THz	レーダ
サブミリ波	THF	0.3～THz	非破壊検査

※用途によっては複数の周波数帯をまたいで使用する場合もある。ここでは各周波数帯の主な用途を例示した

18

無線通信機器②

無線機の種類とメーカー

スマホ・携帯電話がこれだけ普及したいまでも、トランシーバなどアマチュア無線機、業務用無線機のニーズと市場は残っています。

アマチュア無線

固定電話ではなく、無線で人と交信するというアマチュア無線の魅力は、誰もが携帯電話を持ち、インターネットで世界中といつでもつながっている現代では少し理解しにくいかもしれません。

しかし、携帯電話もインターネットもない時代には、「ハム」と呼ばれるアマチュア無線には一定の需要がありました。現在でもアマチュア無線の愛好家はいますが、その数は減少しています。しかしいまでも、レジャーやマリンなど特殊用途での無線機、トランシーバ、そして業務用無線機という形で市場は残っています。

スマホやインターネットがこれだけ普及しても、アマチュア無線機や業務用無線機の市場が残り続けているという点はむしろ注目していいのかもしれません。

現在、アマチュア無線機器を手がけるメーカーはそれほど多くありません。ＪＶＣケンウッド、アイコム、八重洲無線、アルインコなどがその代表的なところです。

業務用無線

業務用無線としては、警察や消防、鉄道などの公共無線、さらにタクシー無線などが代表的な市場で、ほかにも防災無線などがあります。

スマホ(携帯電話)は一対一の通話に適しており、遠方でも連絡をとることが可能ですが、逆にいうと大人数に伝える場合などは適していません。

一方の業務用無線機は、通話ごとに料金がかかることもなく、大人数への伝達に適しているため、公共無線だけでなく、コンサート会場やイベント会場、施設などでの頻繁な連絡ツールとしては便利です。

そうしたことから、業務用無線機の市場は当面はなくならないと見られています。

無線機の種類

無線機には、特定小電力トランシーバ、簡易無線機（デジタルとアナログ）、IP無線機などの種類があります。特定小電力トランシーバは登録申請も免許も不要ですが、通信可能距離が短いので、店舗などのインドアおよび小規模なアウトドア向けです。それより広いエリアでの通話には、免許が必要な簡易無線機か、携帯電話の通信網を使用するIP無線機を使うことになります。

なお、簡易無線機にはデジタル簡易無線機とアナログ簡易無線機がありますが、アナログ簡易無線機は、二〇〇八年改正の電波法により、二〇二二年一一月から使用できないことになっており（特定小電力無線機などで一部例外がある）、市場およびユーザーには対応が求められています。

無線通信機の実物例

トランシーバは今でもイベント会場などで使われています

column

遠い記憶

「出産のときの痛みは気を失うほどだけど、赤ちゃんが生まれた瞬間にその痛みから解放されるので、また産もうという気になれる」

という話を聞いたことがあります。

耐えがたい痛みや苦しみも、多くの場合は時間が解決してくれます。怪我《けが》などによる物理的な痛みだけでなく、心の痛みも時間が経つにつれて徐々に薄れ、いつかは消える日が来ます。痛みの記憶は、日を追って薄れていき、やがては痛かったという記憶さえ遠い過去のものになります。

「喉元過ぎれば熱さを忘れる」ということでしょう。すべての痛みは時間が解決してくれます。これは良い悪いではなく、やはり人間の性《さが》だと思います。

所詮、人間は忘れる動物です。逆にいえば、だから生きていけるのです。痛みやつらかったことをいつまでも覚えていては、人は前に進めません。それはある意味では自然界の摂理ともいえます。

しかし、忘れてはいけない経験もあります。失敗した経験をいつまでも精神的に引きずるのは良くないことでしょうが、失敗を教訓にできないまま繰り返すのは愚かです。

会社でも同じ間違いを何度もする人がいます。失敗を繰り返す経営者がいます。歴史的に見ても、なぜか失敗は繰り返されます。

90年代初頭にバブルがはじけて多くの人々が痛い目に遭いました。しかしやがてITバブルが訪れます。そしてバブルがはじけてほぼ10年後、今度はITバブルがはじけ、社会は再び大きな経済的打撃を受けました。

失敗が繰り返されるのは無駄なことです。痛みを記憶することも大切な能力といえるでしょう。

第4章

国内エレクトロニクスメーカー

国内には大手の総合電機メーカーから、規模は小さいながらも独自の技術で業界を牽引している企業など、様々な企業が存在します。本章では、主な国内エレクトロニクスメーカーを取り上げ、事業内容や事業の歴史などを解説します。

1

総合電機大手：パナソニック①
現況と創業当初

パナソニックは、誰もが知る日本を代表する総合電機大手です。松下幸之助によって一九一七年に創業されました。ここでは、パナソニックの事業規模や売上構成などを見ていきます。

総合エレクトロニクスメーカー

パナソニックは、国内外におよそ五三〇社のグループ連結会社を持ち、本体だけで六万人、グループ全体では連結従業員二六万人を抱える、日本を代表するエレクトロニクスメーカーです。会社は**カンパニー制**を敷いており、七つの社内分社によって構成されています（二〇二一年には特殊会社制へ移行予定）。

家電、美容、健康などの**BtoC事業**＊、業務用冷熱機器、デバイス、エネルギーなどの**BtoB事業**＊を領域とするアプライアンス社（AP）。電設資材や住設建材、建築事業などを事業領域とするライフソリューションズ社（LS）。流通、物流、エンターテイメント、パブリック、アビオニクス、製造のコネクティッドソリューションズ社（CNS）。車載エレクトロニクス製品のオートモーティブ社（AM）。電子部品、FA・産業デバイス、電子材料、電池などBtoB事業のインダストリアルソリューションズ社（IS）。そして地域カンパニーの中国・北東アジア社とUS社がその中身です。いずれの社内分社もエレクトロニクス市場とは密接な関わりがあります。

二〇年三月期時点だと売上高ウエイトは順に、AP三一％、LS二三％、CNS二三％、AM一八％、IS一五％となっています。全体事業規模は二十年三月期は若干落ちましたが、一九年三月期には八兆円を超える連結売上高でした。主力はアプライアンス社（AP）ですが、極端にウエイトが大きいわけでもなく、またAPの中身も前述のとおり多岐に及んでいます。

用語解説

＊**BtoB事業**　企業が企業に対して製品やサービスを提供する事業のこと。“Business to Business”の略称。

各事業がそれぞれ中堅クラス以上の事業規模があり、カンパニー制ということもあり予算もそれぞれのカンパニーでとっており、パナソニック社内といえども、ほかのカンパニーはグループ内別会社に近いような存在になっています。

松下幸之助

パナソニックは、創始者の**松下幸之助**が大阪で自分の妻とその弟の三人で一九一七年に起業したのが始まりです。ちなみにこの弟というのは、のちに三洋電機を創設する井植歳男です。会社の形となったのは翌一八年で、創業時の社名は松下電気器具製作所でした。

当初は電球用のソケットを生産、一九三一年にはラジオの生産を始め、このラジオ生産が今日のパナソニックに至る基礎となります。一九三五年には松下電器産業となっており、二〇〇八年に現在のパナソニックの社名となるまで、戦前と戦後、高度経済成長期の日本のエレクトロニクス産業を支えてきました。

経営規模だけでなく、その歴史も日本のエレクトロニクス業界を代表する一社です。

パナソニックのセグメント別売上構成比

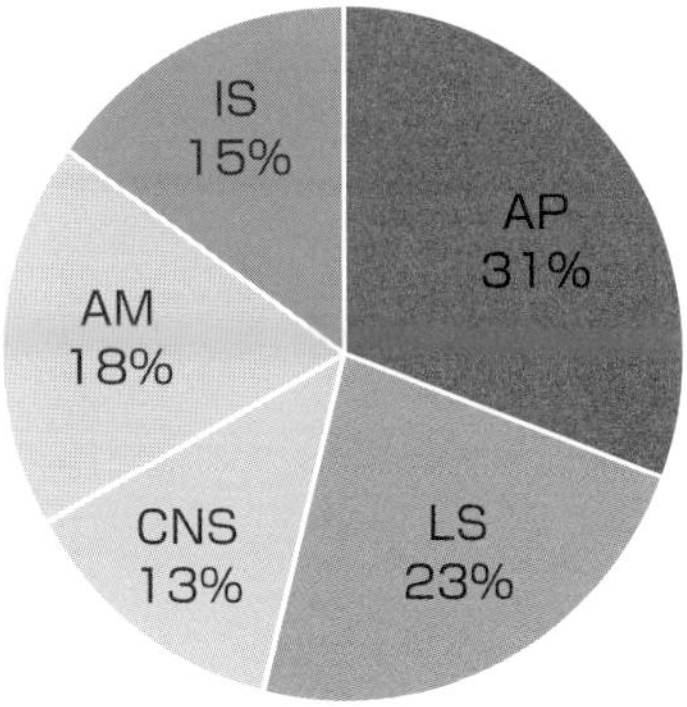

※ 2020年 3月時点

参考：パナソニック ウェブサイト

用語解説
＊ **BtoC 事業**　企業が一般消費者に対して製品やサービスを提供する事業のこと。"Business to Consumer"の略称。

2

総合電機大手：パナソニック②

傘下に収めた三洋電機

パナソニックは統合と再編を繰り返しており、二〇〇九年には電機大手の三洋電機を子会社化し話題になりました。ここでは、パナソニックの統合・再編の変遷と三洋電機について見ていきます。

統合と再編の歴史

エレクトロニクス業界では多くのメーカーが統合と再編を繰り返していますが、パナソニックも例外ではありません。なかでも二〇〇一年から〇二年にかけてパナソニックは大きな経営統合・再編を行っています。

二〇〇一年には松下電子工業を吸収合併、さらに二〇〇二年には松下通信工業、九州松下電器、松下精工、松下寿電子工業、松下電送システムを完全子会社化しています（いずれも社名は当時）。

会社の歴史のなかで特筆すべき出来事だったのは、やはり二〇〇八年に松下電器産業からパナソニックに社名変更したことでしょう。

ブランドについても、それまではパナソニックブランドとともに、ナショナルというブランドも併用していましたが、社名変更に合わせて一本化しています。

三洋電機

パナソニックは、二〇〇九年には同じ電機大手の存在だった三洋電機を連結子会社化しています。パナソニックによる三洋電機の買収は、電機大手同士の経営統合として注目されました。

パナソニックと三洋電機は、もともと強いつながりがありました。前述のとおり三洋電機の創業者である井植歳男は松下幸之助夫人の弟で、井植自身もパナソニック創業時から関わり、のちにパナソニック（松下電器産業）の専務取締役まで務めていたからです。

井植は、松下幸之助とともに松下電器産業を育て、専務という立場にありましたが、独立して起業したのが三洋電機（当初は三洋電機製作所）です。

三洋電機がパナソニック傘下となったのは、こうした設立時からのつながりも大きかったのですが、もともとは三洋電機の経営悪化が発端です。

三洋電機の経営悪化の始まりは、二〇〇四年の新潟県中越地震です。地震によって、子会社の新潟三洋電子（現オン・セミコンダクター新潟）の半導体製造工場が大きな被害を受け、この損失などから〇五年三月期が一七〇〇億円を超える大幅赤字となりました。

その後も再編や経営陣の刷新など多くの出来事がありましたが、このときの大幅赤字がのちのちまで響いています。

パナソニックは、三洋電機を傘下に収めたあと、二〇一一年には三洋電機の白物家電事業のうち、冷蔵庫・洗濯機部門を中国の家電大手、**海爾《かいじ》集団（ハイアール）**に売却しています。現在、国内市場で流通している「ハイアール」ブランドの冷蔵庫・洗濯機は、三洋電機製品がベースになっています。

三洋電機の事業としてパナソニックのなかに残っているものには、太陽電池や二次電池などの事業がありますが、前述した創業時の経緯を除けば、実際にビジネスとしてパナソニックが欲しかったのはこの二つの事業だけだったともいわれます。なお、三洋電機という会社はすでにないと思っている人が多いのですが、会社はまだ存在しています。

また、もう一つ余談となりますが、三洋電機は「デジカメ」という名前を商標登録しています。したがって理屈のうえでは、ほかのデジタルカメラメーカーがデジタルカメラのことを「デジカメ」として販売することはできません。

パナソニックによる買収

▲買収により三洋電機の社屋の看板が取り外されている様子

3

総合電機大手：東芝①

粉飾決算と原発事業

電機大手として、家電製品など多くのエレクトロニクス製品を手がけてきた東芝ですが、粉飾決算と原発事業の失敗で再編を余儀なくされました。

東芝の現在

東芝は日本を代表するエレクトロニクス業界大手の一つで、圧倒的存在感でしたが、現在はすっかり様変わりしています。粉飾決算や原子力発電所事業での巨額損失などから経営が悪化、事業再編を余儀なくされ、家電、医療機器、半導体、テレビ、パソコンなどの事業を次々に売却しています。現在はインフラ、エネルギー、ビルシステムなどソリューションビジネスを主力とする事業内容に変わっています。エレクトロニクス大手の面影はもうありません。

粉飾決算

二〇一五年に発覚した東芝の粉飾決算では、二〇〇九年からの七年間で総額一五〇〇億円以上の利益の水増しなどが行われていたことが発覚しました。

東芝ほどの大手が会社ぐるみで堂々と粉飾決算を継続的に行っていたということも驚きでしたが、それが上場会社の会計審査を通っていたということについても、多くの人が不信感を抱きました。

責任をとり、当時の田中久雄社長以下役員七人が辞任したのですが、この粉飾決算には歴代の社長が関与していたと見られており、企業体質そのものが問われる社会的事件に発展しました。東芝の粉飾決算は、日本の会社組織や経理の在り方、ひいては監査法人の信用問題にまで及ぶ社会問題となりました。

企業体質を含めて、東芝の粉飾決算については、多くの問題点が指摘されています。企業が利益を追求するなかで社員に成果を求めるのは当然ですが、ノルマ達成のために社員が粉飾行為をしていては何の意味もありません。

原子力発電事業の失敗

東芝が大きな再編に追い込まれたのは、粉飾決算の発覚もですが、原子力発電所事業の失敗も大きな要因でした。粉飾と原発事業の失敗はリンクしているのですが、粉飾はほかの部署でも行われていたので、原発事業の失敗がすべての原因ではありません。

東芝は、二〇〇六年に米国**ウェスティングハウス社**(Westinghouse Electric Company)を約六〇〇〇億円で買収し、原発による発電事業を主力事業に位置付けます。しかし二〇一一年に東日本大震災があり、福島の原発事故などで決定的ダメージを受けたこともあり、原子力による発電事業は大きな岐路を迎えます。

それでも東芝の当時の幹部は原発事業を推進しました。最終的にはこのウェスティングハウス社関連の巨額な損失を隠していたことが発覚。このことが、すべての粉飾が表沙汰になるきっかけとなりました。

東芝の原子力発電事業迷走と粉飾決算発覚

年月	内容
2006年1月	ウェスティングハウス社を総額54億ドルで買収、一気に原子炉装置の大手メーカーとなる
2011年3月	東日本大震災。福島の原発事故により、原発による発電への危機感が世の中に広がる
2015年5月	内部で継続的に行われていた粉飾決算が発覚して15年3月期の決算発表を延期
2015年11月	原子炉事業を担っていた子会社ウェスティングハウス社の巨額減損処理が発覚
2017年2月	ウェスティングハウス社の会計処理で不適切対応があり、監査法人の承認が得られず四半期の決算発表ができなくなる。2度目の決算発表延期
2017年3月	ウェスティングハウス社が米国で倒産。連邦倒産法第11章をニューヨーク州連邦裁判所に申請、負債総額は98億1,100万ドル

4

総合電機大手：東芝②

事業の大半を売却して再建

原発事業の失敗と粉飾発覚で経営が悪化した東芝。再建のため、白物家電も、テレビも、パソコンも、医療機器も、主力事業の大半を売却しました。

東芝の再建

原発事業の失敗と粉飾決算発覚による信用の失墜から、東芝は本格的な経営の立て直しに進みます。この結果、主力事業の大半を手放すのですが、東芝の経営状態がいかに厳しかったか、経営立て直しの途中だった二〇一七年三月期の決算が示しています。

一七年三月期の東芝は、売上高が五兆円弱でしたが、最終の当期利益が九六五六億円の欠損でした。ほぼ一兆円の赤字です。

さらに財務面でも負債が資産を上回っており、同年末時点で五五二九億円の**債務超過**＊でした。債務超過状態は会社の経営危機のシグナルですが、その額が五〇〇〇億円を超えるというのは異常です。

主力事業の売却

①医療機器事業の売却

東芝は経営を立て直すために、主力事業の大半を売却しなくてはならなくなったのですが、なかでも医療機器事業の売却については、評価が分かれるところです。

高齢化社会で医療機器事業の将来性は疑う余地がなく、さらに東芝の医療機器は磁気共鳴画像診断装置（MRI）、超音波画像診断装置など最先端分野の製品で、利益も十分に出ていました。

しかし経営悪化が深刻になるなか、東芝は借入金返済のためにすぐ使える現金が必要になり、将来性のある医療機器事業をあえて売却したのです。東芝が売却した医療機器事業は、キヤノンが取得しており、現在

用語解説

＊**債務超過**　企業の負債の総額が資産の総額を上回っている状態のこと。全資産を処分しても債務を返済しきれないため、倒産の可能性が高くなる。

はキヤノンの子会社として運営されています。

②白物家電事業の売却

東芝は、冷蔵庫、洗濯機、掃除機、電子レンジ、炊飯器など家電製品の多くのものを国内で初めて製品化しており、東芝の家電は日本の多くの家庭にありました。

しかし、その家電事業も東芝はすでに売却しています。東芝の白物家電事業は、子会社の東芝ライフスタイル（川崎市川崎区）で手がけていましたが、二〇一六年に東芝は株式の大半を中国の電機大手、美的集団に売却しています。ブランドは残っていますが、東芝ライフスタイルは現在、中国企業の子会社です。

③パソコン、テレビ、半導体事業の売却

ほかにもパソコン事業はシャープに、テレビ事業は中国電機大手の海信集団（ハイセンス）に売却、半導体事業も分社化（現キオクシア、旧東芝メモリ）して持株比率を徐々に下げており、実際にはすでに切り離されています。東芝が失ったものはあまりにも大きいといわざるを得ません。

東芝再編の歴史

年月	内容
2008年2月	HD DVD事業から撤退
2012年4月	携帯電話事業を富士通に売却
2016年3月	医療機器事業を行っていた東芝メディカルシステムズの全株式をキヤノンに売却
2016年6月	白物家電事業を中国美的集団に売却。東芝ライフスタイルから映像事業だけを分社（東芝映像ソリューション）、白物家電だけを同社に残して株式の8割を譲渡した形
2017年4月	半導体事業を東芝メモリに分社
2018年2月	東芝映像ソリューションの株式の大半を中国海信集団（ハイセンスグループ）に譲渡
2018年6月	東芝メモリの株式の一部をファンドなどに売却、子会社から外れる。東芝メモリはその後社名から「東芝」を外しキオクシアに
2018年10月	パソコン事業の子会社・東芝クライアントソリューションをシャープに売却、その後社名から東芝を外しDynabookに

5 理系学生の人気ナンバーワン企業

総合電機大手：ソニー①

技術力はもちろん、革新的なアイディアで数々のエレクトロニクス製品を投入し、時代をリードしてきたソニーについて見ていきます。

就活生に人気のソニー

就活サイトの調査だと、大学生の就職人気ランキングで、二〇二一年卒業予定者の理系学生人気ナンバーワンは二年連続でソニーでした。ソニーは文系でもトップテンに入っており、エレクトロニクスメーカーのなかでは不動の人気ナンバーワン企業です。

これはブランドイメージ戦略が功を奏していることもありますし、ライフスタイルなどを革新的にリードしてきたこれまでの実績が評価されている部分もあります。

ソニーが時代を切り開いた電子機器

ソニーが世界に先駆けて時代を切り開いてきたエレクトロニクス製品、電子デバイスは少なくありません。国産初のテープレコーダやVTRを開発したのはソニーですし、家庭用VTR一体型ビデオカメラを世界で初めて開発したのもソニーです。

それでもやはりソニーブランドを一気に定着させたのは、何といっても、一九七九年に投入された**ウォークマン**でしょう。

オーディオ製品のページでも書きましたが、かつては、音楽を楽しむのは自宅のオーディオ機器で、というのが当たり前でした。それを打ち崩したのは、音楽を持ち歩くという新しい概念を打ち出した「ウォークマン」です。猿がウォークマンで音楽を聴いているテレビCMは衝撃的でした。

その後も世界初のポータブルCDプレーヤ、ビデオカメラの**ハンディカム**、ゲーム機の**プレイステーション**など多くの革新的なエレクトロニクス製品をソニーは世の中に送り出してきました。

ヒット製品を打ち出すということもですが、新しいライフスタイルを提供し続けている感があります。

ソニーの歴史

ソニーは、井深大、盛田昭夫という二人の技術者により、東京通信工業として一九四六年に創業されました。当初は真空管電圧計の製造、販売を行っていましたが、四年後の五〇年には早くも国内初のテープレコーダを開発、頭角を現しています。

一九五八年には現在の社名であるソニーに社名変更、その年に株式も上場しています。その後もエレクトロニクス市場で次々に新しい製品を繰り出しているのは前述のとおりですが、現在のソニーは、エレクトロニクス以外の分野でも多角的に事業を展開しています。

世界中に拠点を持ちワールドワイドにビジネスを行うこともあり、必然的に国際的な知名度も抜群な日本企業となっています。

ウォークマンの製品例

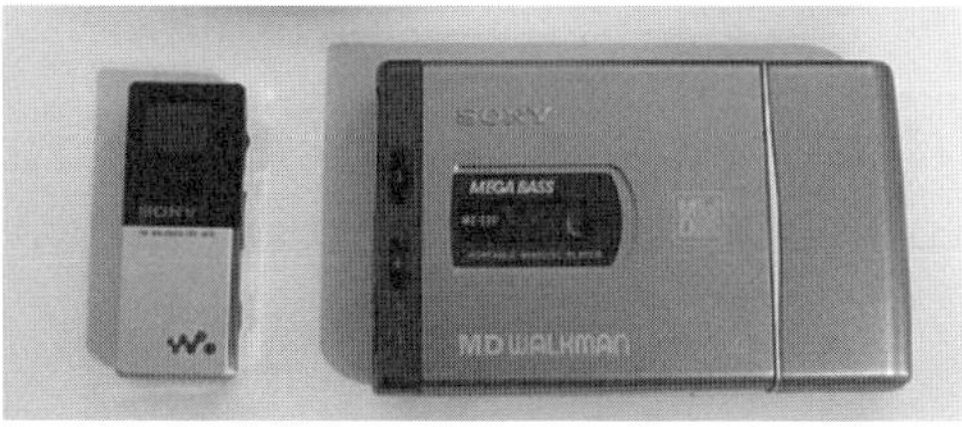

テープ版、CD版などのウォークマンです

6

総合電機大手：ソニー②

現在と未来

ソニーの全事業に占めるエレクトロニクス製品のウエイトはこの十数年で低下しています。いまでは音楽、映画、金融、保険など事業領域は多角化しています。

ソニーの現在

ソニーはエレクトロニクス分野ではテレビ、ビデオ、モバイルなどのほか、ＣＭＯＳイメージセンサなどの電子デバイスを手がけ、ゲーム機器事業もあります。

エレクトロニクス関連以外にも、グループ全体で音楽制作や映画製作などのほか、銀行、生命保険、損害保険、不動産などの事業を幅広く展開しています。

二〇年三月期の売上構成を見ると、社内取引を除いた外部顧客分のウエイトでは、エレクトロニクス・プロダクツ&ソリューション（テレビ、モバイルなど）が二四%、イメージング&センシング・ソリューション（イメージセンサなど）が一二%、ゲーム&ネットワークサービスが二三%で、エレクトロニクス関連といえる部門は計五九%となっています。

ほかは音楽が一〇%、映画が一二%、金融が一六%、その他三%。全体売上が八兆円を超えるので、十%余といっても一兆円を超える事業規模のものもあります。

多角化経営

ソニーの現在の事業分野は多岐に及び、エレクトロニクス事業のウエイトは案外低いのですが、一五年ほどさかのぼるとエレクトロニクス関連のウエイトは実はもっと高かったのです。

〇七年三月期のやはり外部顧客に対する売上高の構成を見ると、当時は分け方が現在とは少し異なりますが、エレクトロニクス六五%、ゲーム一二%で、この二つで七七%を占めます。以下は映画一二%、金融七%、その他四%となっています。

この二〇〇七年と二〇二〇年の売上構成から、ソニーがエレクトロニクスメーカーという位置付けから、戦略的に多角化を進めてきたことがわかります。

ソニーの今後

ソニーにはかつて「人命に関わるビジネスはしない」という不文律がありました。しかし、電子デバイスの中核であるイメージセンサがモバイルから車載向けに広がっていくなか、現在では自動車向けビジネスも展開しています。

特に自動車の自動運転化や電動化などが進むなかで、この大きなマーケットをソニーが黙って見ているはずはありません。あまり大きくなかった自動車市場でのウエイトは今後さらに増えていくと思われます。実際に、車載用などのイメージセンサはいまやソニーの看板製品になっています。

ソニーの2007年の売上構成

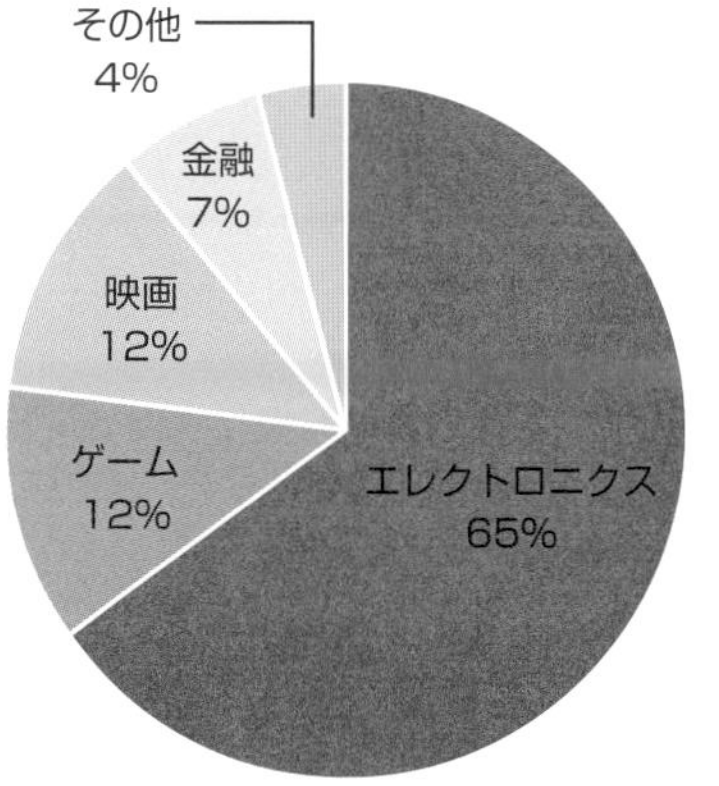

ソニーの2020年の売上構成

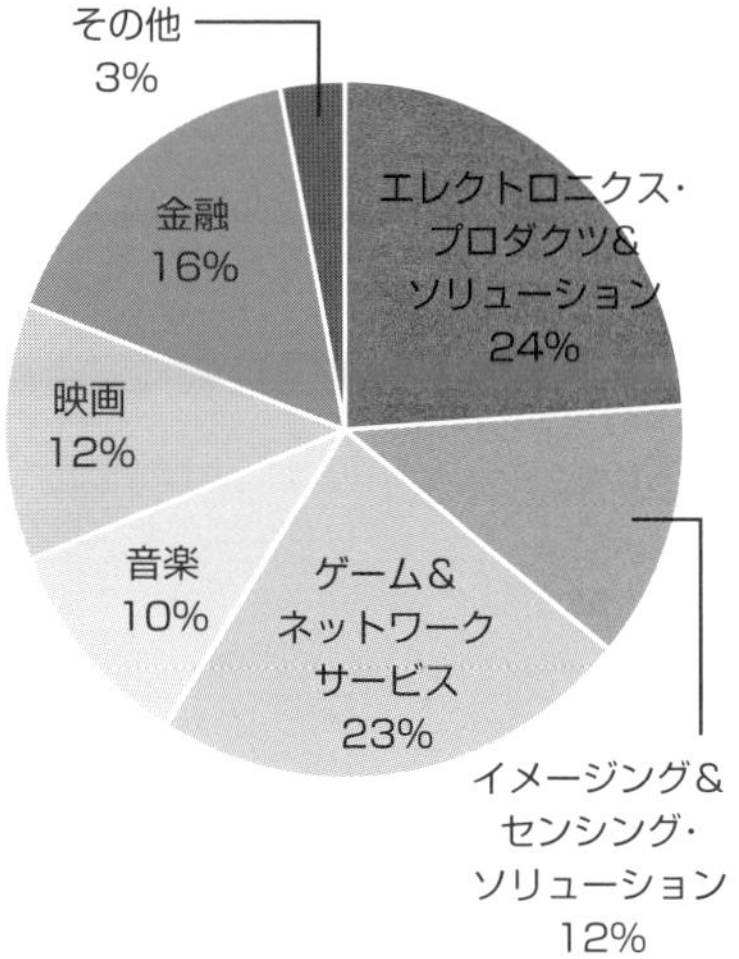

出典：ソニー ウェブサイト

7 半導体製造装置の国内最大手

独自路線の大手：東京エレクトロン

東京エレクトロンは、半導体の製造に欠かせない半導体製造装置の製造において、国内トップメーカーです。世界市場でもシェアは三位の大手です。

半導体製造装置

エレクトロニクス業界を支えるのが半導体であることはいうまでもありません。そして半導体メーカーは半導体製造装置がなければ半導体を作ることはできません。

半導体の製造工程には、大きく分けるとウエハ状態で回路を形成する前工程と、ウエハからそのチップを切り出す後工程があります。

詳細は第2章の「半導体製造装置①」の項で述べていますが、工程ごとに装置は細分化されています。

原材料であるウエハの製造から、ウエハに回路を形成する前工程、チップごとに切り分ける後工程などがあり、それぞれの工程で検査を行い、工程と検査ごとに専用の製造・検査装置が存在しています。これらすべてをひとまとめにして半導体製造装置といっています。

半導体製造装置といっても、工程ごとにその役割は様々です。

東京エレクトロンの事業内容

東京エレクトロンは、**コータ・デベロッパ**＊、**ドライエッチング**＊、**成膜**＊といった前工程の製造装置を主に手がけ、ほかにも**FPD**（フラットパネルディスプレイ）＊の製造装置などを手がけています。

用途ごと、工程ごとにまちまちな市場ですが、半導体のコータ・デベロッパ装置においては世界全体の市場の九割近くを東京エレクトロンが占めていると見ら

用語解説

＊**コータ・デベロッパ**　FPDの製造過程のうち、ディスプレイを駆動させる側の基盤を作る工程において、感光剤の塗布と現像を行う装置のこと。

＊**ドライエッチング**　半導体集積回路などの微細回路を作製する際に、プラズマガスやイオンを用いて、不必要な部分を取り去る方法のこと。

れています。また、ドライエッチング装置や成膜装置などでもやはり三～四割の世界シェアを占める大手です。

半導体製造装置全体としても国内ではトップメーカーで、世界全体でもシェアは五位以内と見られています。

半導体製造装置市場の特性

半導体やFPDに限らず、すべての電子デバイス製造装置がそうなのですが、特に半導体の製造装置は一台の単価が高く、さらに納期も数カ月に及びます。

このため、景気の動向や半導体メーカーの投資動向に加えて、受注と納期のタイミングによって業績の振幅が大きくなる傾向があります。

年間だと大きなズレにはならないこともありますが、四半期業績だと大きな変動があり得ます。一例を挙げると、二一年三月期の第1四半期（四～六月）は売上高が前年同期比五割増だったのですが、前年同期は逆に三割減で、こうしたことが十分あり得る業界です。

東京エレクトロンの売上構成

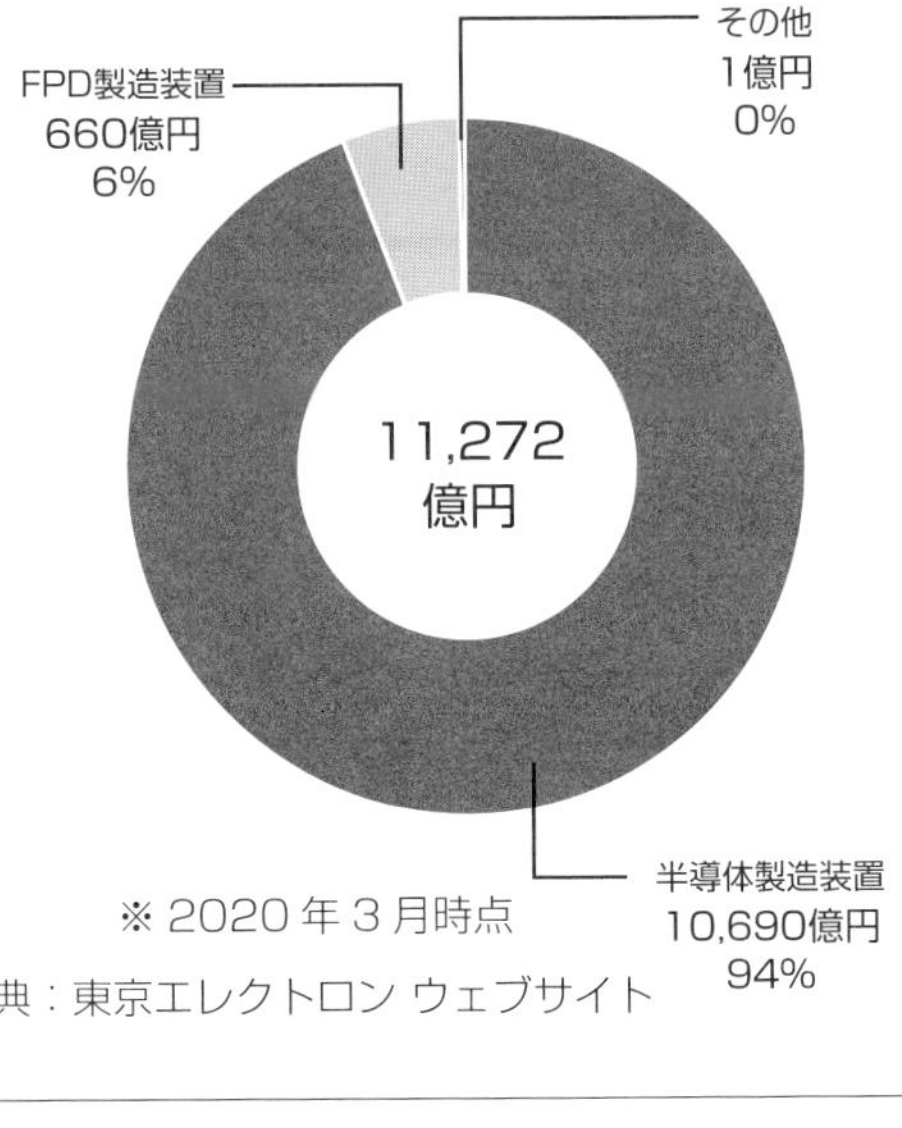

※ 2020年3月時点

出典：東京エレクトロン ウェブサイト

用語解説

＊**成膜**　特定の材料を用いて、物体の表面にごく薄い膜を形成すること。半導体チップ製造では、ウエハの表面に素子や配線の材料となる物質の薄膜を形成する工程をいう。

＊**FPD**　薄型で平坦な画面の薄型映像表示装置の総称。液晶ディスプレイ、プラズマディスプレイ、有機ELディスプレイなどがある。

8

医療機器市場に展開

独自路線の大手：キヤノン

プリンタやデジタルカメラだけではなく、様々な事業を展開しているキヤノン。なかでも東芝の医療機器事業を買収したことは今後の展開につながる可能性もあります。

オフィス機器とデジカメ

キヤノンは、一九四九年に株式を上場して以来、二〇一九年まで年間決算では一度も赤字に陥ったことがありません。キヤノンと聞いて、どんな製品を思い浮かべるでしょうか？　おそらく多くの人は、デジタルカメやプリンタなどを想像するのではないかと思います。

キヤノンの二〇一九年度（一九年一二月期）の売上構成を見ると、オフィス四七％、イメージングシステム二三％、メディカルシステム一二％、産業機器その他二一％、社内消去（社内での相殺分）かマイナス三％となっています。

オフィスとは複合機やオフィス用レーザプリンタなどを指し、イメージングシステムはデジタルカメラとインクジェットプリンタなどを指します。二つの部門で七割を占めるので、これらの製品が主力という印象は必ずしも間違いではありません。

しかし第3章でも触れましたが、デジタルカメラ市場はスマホの登場で厳しいマーケットになっており、オフィス機器やプリンタも市場的には飽和状態にあります。それでも黒字経営をキープしている点は評価されてよいでしょう。

キヤノンの医療機器事業

メディカルシステム部門はまだ全体売上の一割余にすぎませんが、キヤノンにとっては極めて重要な位置を占めています。

キヤノンは一九四〇年に国産初のX線間接撮影カメラを開発し、医療機器事業への参入を果たしています。しかし何といっても、キヤノンにとって重要だったのは、二〇一六年に**東芝メディカルシステムズ**を買収したことです。

キヤノンは、東芝メディカルシステムズ（二〇一八年にキヤノンメディカルシステムズに社名変更）の買収により、「創業以来の悲願」としていた医療事業が本格化しました。

東芝メディカルシステムズは、東芝の医療機器事業会社で、経営的にも順調で将来性もあったのですが、東芝の経営不振から東芝としてはやむを得ず売却することになり、これを他社との競争の末にキヤノンが獲得しました。

X線診断システム、CTシステム、MRIシステム、超音波診断システム、放射線治療装置、核医学診断システム、検体検査システム、ヘルスケアITソリューションなどを手がけており、最近では新型コロナウイルス関連の検査システムにも取り組んでいます。

キヤノンの売上構成

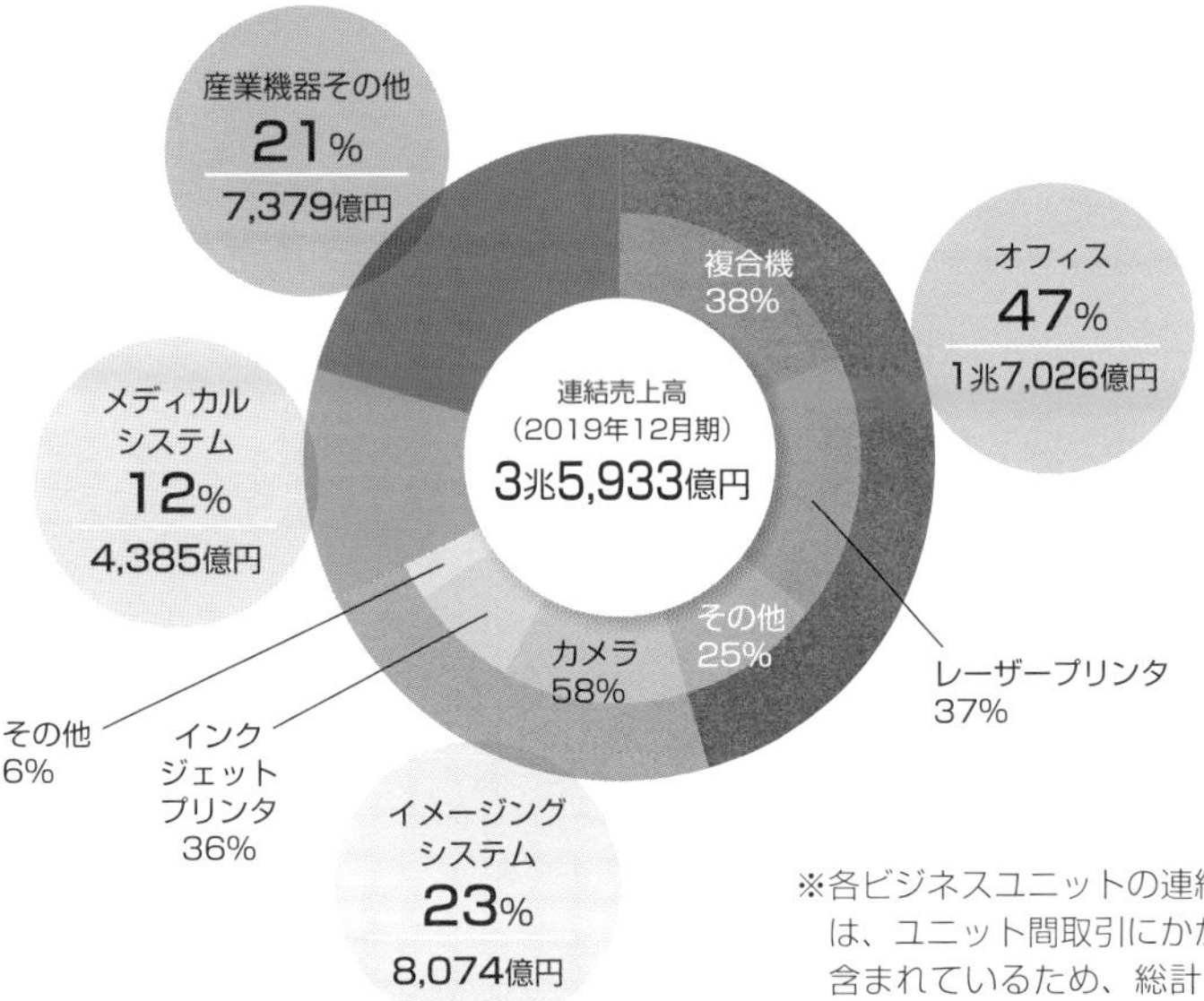

※各ビジネスユニットの連結売上高には、ユニット間取引にかかる売上が含まれているため、総計100%にはならない。2019年度の有価証券報告書に基づいた金額である

参考：キヤノン ウェブサイト

9

独自路線の大手：日本電産

モータの世界的大手

日本電産はモータの世界的大手です。いまやモータは重要なエレクトロニクスデバイスで、パソコンやスマホ向けのファンモータは厚さが3～4ミリの製品もあります。

創業者の永守重信

最近はテレビCMも始めているので、社名を知っている人も少なくないかもしれませんが、一般の人にとっては少しなじみが薄い会社だと思われます。

しかし、日本電産は、エレクトロニクス業界に関わる人は誰もが知っている会社です。創業者の永守重信氏（現会長）は、カリスマ的存在であり、伝説的な経営者といってもいいでしょう。

有名な話ですが、永守氏は社長時代に一年三六五日働くのをモットーとしており、元日の午前中に仕事を休むだけと公言していました。

さすがにいまでは「働き方改革」ということもあり、「残業ゼロ」などを公言していますが、かつてはトップが誰よりもハードワークするのを信条としており、それで日本電産は成長を遂げてきたという側面はあります。

モータ最大手

日本電産はモータのメーカーで、世界的にも最大手の存在です。なかでも中型、小型のモータを得意としています。

モータは電機・エレクトロニクス製品のほぼすべてに入っているといっても過言ではありません。なかでも電子機器にとってファンモータの役割は重要です。電子部品が集積していると熱が出るため、これが故障の原因になるので、モータ駆動によるファンで冷却する必要があるからです。

自動車にも搭載されていますし、パソコンだと特にノートPCから発する音はほとんどファンモータの回転音です。モータメーカーはこの音をいかに小さくして、かつ冷却効率を高めるかに苦心しています。

日本電産はこのモータとファンを一体化した製品を製造し、ありとあらゆるエレクトロニクス製品用として販売しています。

今後、スマホが5Gの時代になると、スマホへのモータ搭載も増えます。当然ながら製品にはさらに薄さが要求されます。すでにノートPCのファンモータは3～4ミリという薄さですが、5Gスマホの時代で薄型化はさらに加速しています。

M&Aの歴史

日本電産は企業買収(M&A)によって大きくなったといっても過言ではありません。そして特徴的なのは、すべてモータ技術に関連する企業を買収しているという点です。

エレクトロニクス業界の大手企業にはM&Aの実績が少なからずあり、本書のなかでも数多く取り上げています。

そのなかには異業種に素早く参入するためのものもありますが、日本電産の場合はすべてモータおよび関連技術と市場を獲得するための買収です。

主な買収企業は、共立マシナリ(現在の日本電産マシナリー、以下同様)、シンポ工業(日本電産シンポ)、コパル(日本電産コパル)、コパル電子(日本電産コパル電子)、ワイ・イー・ドライブ(日本電産テクノモータ)、三協精機製作所(日本電産サンキョー)、日本サーボ(日本電産サーボ)など国内だけでも枚挙にいとまがなく、さらに海外でもフランスのヴァレオ、米国のエマソンなどの大手からモータ事業を取得しています。

10 MLCCで世界トップシェア

独自路線の大手：村田製作所

村田製作所は電子デバイス大手です。広告にも積極的であり、近年は積層セラミックコンデンサ事業に力を注いでいます。ここでは、村田製作所の事業戦略や主力製品などを見ていきます。

イメージ戦略に積極的

村田製作所は電子部品大手で、セラミック製デバイスの加工技術に特徴があります。世界でシェアトップの電子部品も少なくありません。積層セラミックコンデンサ、SAWフィルタ、Wi-Fiモジュールなどがその例です。

当然、これらの製品はエレクトロニクス製品に内蔵されており、一般的に消費者が村田製作所の製品を目にすることはありません。それにもかかわらず、村田製作所の名前は多くの人が知っているでしょう。

それは、村田製作所が近年盛んに取り組んでいるメディア広告によるものと思われます。「ムラタセイサク君」などロボットで企業の知名度向上に努めています。本来はBtoBのビジネスなので、一般消費者の間での知名度が企業の業績に直接的な影響を与えることはないのですが、就活生向けを含めてイメージ戦略に積極的な会社といえます。

村田製作所の業務内容

村田製作所の主力製品はセラミック製のコンデンサで、ほかにもフィルタなどの圧電製品やコイル、リチウムイオン電池など電子部品を幅広く手がけます。

電子部品の供給先としては、スマホなどの通信機器市場向けが売上のほぼ五割を占め、ほかにもAV機器、カーエレクトロニクス製品、パソコン、家電などエレクトロニクス製品全般に搭載されています。

村田製作所で特徴的なのは、海外売上比率が九割を占めていることで、なかでもその海外販売のうちほぼ半分は中国など中華圏となっています。

当然ながら中国に多くの生産拠点を持ち、現地生産化が進んでいますが、村田製作所は国内にも多くの生産拠点があります。

国内では滋賀、京都、福井、島根、富山、石川、岡山、長野、宮城、岐阜などに生産拠点を持ち、ここ数年、これらの拠点に増産のための多額の設備投資を行っています。海外販売比率が高いものの、生産拠点は国内の全国各地に確保し、国内生産を維持しているのは大きな特徴です。

積層セラミックコンデンサ

積層セラミックコンデンサ（MLCC）は、コンデンサのなかでも特に成長している製品です。スマホのほか、家電、自動車などあらゆるエレクトロニクス製品に搭載されています。小型・高機能が特徴で、搭載される製品の小型化ニーズが強いことから、この積層セラミックコンデンサの市場規模も今後さらに拡大すると見られています。

村田製作所はこの積層セラミックコンデンサの世界的大手です。日本のメーカーが同品市場では強く、村田製作所のほかにも太陽誘電やＴＤＫで生産していますが、この三社だけで世界のシェア五割以上といわれています。

村田製作所では、近年特にこの積層セラミックコンデンサの増産投資に力を入れています。国内で島根、岡山、福井などに二〇一九年から二〇年にかけて相次いで新工場を建設しており、これらはすべて積層セラミックコンデンサの増産が狙いです。市場が拡大してもゆるぎなく世界シェアトップを維持する構想です。

プリント基板上のMLCC

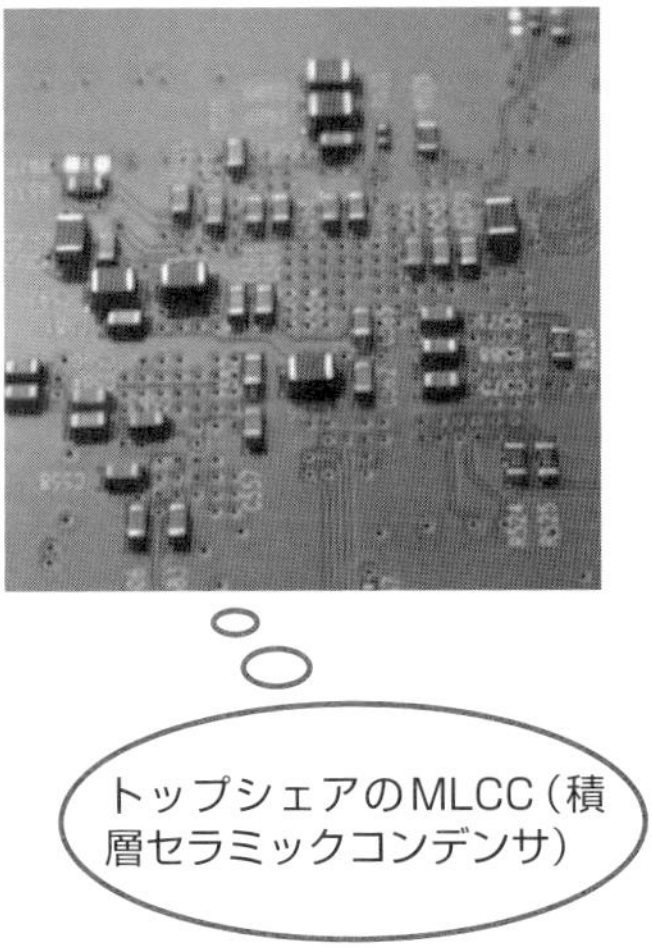
トップシェアのMLCC（積層セラミックコンデンサ）

11 カメラ関連事業から医療機器へ

製品が変化したメーカー：富士フイルム

富士フイルムは写真フィルムの時代から、事務機、医療分野、化粧品など多角展開で成長しています。医療品のアビガンでも注目されました。

医療も化粧品も後発参入

二〇二〇年、新型コロナウイルス感染拡大のニュースのなかで、何回も「富士フイルム製のアビガン」という名前を耳にされたかと思います。

富士フイルムの最近のテレビCMなどは、ほとんどが医療用フィルムなど医療関連技術のものか、化粧品などで、そうしたイメージが強いかと思います。しかし社名のとおり、富士フイルムはもともと写真用フィルムのメーカーで、医療品市場も化粧品市場も事業展開によって参入しています。

アビガンを作っている富士フイルム富山化学も、もともとは二〇一八年に買収した富山化学工業です。

事業内容は多角的

富士フイルムは、正確にいうと、現在は持株会社の富士フイルムホールディングスを上場会社として、その傘下に事業会社として富士フイルムと、富士ゼロックス(二一年に富士フイルムビジネスイノベーションに社名変更予定)を抱えています。

富士フイルムホールディングスの二〇年三月期の連結売上高の内訳は、イメージングソリューション一五%、ヘルスケア&マテリアルズソリューション四四%、ドキュメントソリューション四一%です。

イメージングソリューションは、富士フイルムが担うカラーフィルム、デジタルカメラなどカメラ関連製品・部材。ドキュメントソリューションは、富士ゼロックスが担うオフィス用複写機・複合機、プリンタおよび消耗品のことです。ヘルスケア&マテリアルズソリューションは幅広く、X線装置などメディカルシステム、医薬品、バイオ医薬品、再生医療、化粧品などライフサイエンス、電子材料、記録メディアといった事業が含まれます。

写真用フィルムメーカーからの脱却

かつては写真用フィルムのメーカーとして知られた富士フイルム。以前には年末になると「お正月を写そう」というCMがテレビに流れ、また旅行に行くときは「写ルンです」を持ち歩くのが定番で、8ミリビデオでも先駆けの存在でした。

しかしフィルムカメラからデジタルカメラの時代になり、富士フイルムもデジタルカメラに軸足を移し、さらにデジタルカメラからスマホに移行するなかで、そのフィルム技術を活かして医療機器部材事業、さらには化粧品事業へと鮮やかに展開しました。

富士ゼロックスで手がける事務機事業とともに、経営の多角展開で成長路線を歩み続けています。

富士フイルムホールディングスの事業概要

セグメント事業名	内訳	主な事業内容
イメージングソリューション	フォトイメージング	フィルム、インスタントカメラ、写真プリントサービス事業
	光学・電子映像	ミラーレスデジタルカメラ、レンズ、セキュリティカメラ、プロジェクタ
ヘルスケア&マテリアルズソリューション	ヘルスケア	医療機器、バイオ医療、医薬品、再生医療、ライフサイエンス事業
	グラフィックシステム&インクジェット	産業用のインクジェット関連製品
	記録メディア	ストレージメディア
	高機能材料	ディスプレイ、半導体材料、機能性材料
ドキュメントソリューション	オフィスプロダクト&プリンタ	複合機、プリンタ
	プロダクションサービス	グラフィック領域のソリューションサービス
	ソリューション&サービス	システムインテグレーションやビジネス・プロセス・アウトソーシング

12

相次ぐ事業買収で成長遂げる

製品が変化したメーカー：京セラ

京セラの歴史は、M&Aの歴史です。また、創業者の稲盛和夫氏は、その経営哲学が稲盛イズムとも呼ばれて有名です。

稲盛和夫による経営

京セラは、電子部品から電子機器まで幅広く手がける、日本を代表するエレクトロニクスメーカーの一つです。電子部品は水晶デバイス、液晶、半導体など幅広く、電子機器もプリンタ、スマホ、電動工具など多方面に及びます。しかし社名からもわかるように、当初はセラミックスの専門メーカーでした。京セラは、一九五九年に稲森和夫氏によって創業されました。稲盛氏は、京セラを創業して成長させたのち、八四年には第二電電*を創業、さらに二〇一〇年には経営が悪化した日本航空の会長に就任して再建に力を注いでいます。

現在では経営者の育成にも力を注いでおり、日本の現在活躍中の経営者のなかでも稲盛氏の経営手法を学んだ人は少なくありません。稲盛イズムとして知られる経営の考え方は、多くの書物にもなっています。

三田工業のM&Aなど

京セラの歴史はM&A（企業買収）の歴史でもあります。モータ関連に絞って買収を行った日本電産のようにM&Aを行う会社は多くありますが、京セラはもう少し幅広く多角的です。

京セラが買収して成長させた事業として、事務機器事業があります。京セラの全体売上高の二割余を占めているのが「ドキュメントソリューション」で、その中身は、モノクロ／カラープリンタ、複合機、ソリューションビジネスなどです。

これらを手がけているのは、大阪市中央区に本社を

用語解説

＊**第二電電**　現在のKDDIの母体。

置く京セラの子会社、京セラドキュメントソリューションズという会社ですが、その前身は三田工業という会社でした。三田工業は一九四八年に設立され、テレビCMなども頻繁に行って、知名度も高かったのですが、経営に行き詰まり、九八年に会社更生法の適用を申請しました。その際にスポンサーとして登場したのが京セラです。二〇〇〇年から京セラの全額出資子会社の京セラミタとして再出発、一二年から京セラドキュメントソリューションズとなっています。

三田工業が行き詰まり、京セラミタとなった時点での同社の売上高規模はおよそ年間で一二〇〇億円、この時点で京セラグループのプリンタなど事務機器事業はおよそ年間六〇〇億円という事業規模でした。京セラドキュメントソリューションズは十九年度で売上高三七五〇億円という事業規模になっています。いったん倒産した会社を買い取り、成長させたといっていいでしょう。ほかにも水晶デバイスのキンセキ、液晶のオプトレックス、コネクタのエルコ・インターナショナル・コーポレーションなど、京セラが買収してそれぞれ育成している事業は少なくありません。

京セラの主要な事業買収の歴史

年月	内容
1999年10月	会社更生法の適用を申請した、複写機など事務機の三田工業のスポンサーとなり買収（京セラミタを経て、現在は京セラドキュメントソリューションズ）
2003年8月	2002年に資本参加していた水晶デバイスのキンセキを完全子会社化。キンセキは上場廃止となり京セラキンセキ、京セラクリスタルデバイスという社名変更を経て、2017年4月京セラに統合
2008年4月	三洋電機の携帯電話事業を買収
2012年2月	液晶モジュールのオプトレックス（旭硝子と三菱電機の共同出資）を買収。京セラディスプレイとして運営するが、2018年10月に吸収合併
2015年9月	半導体製造の上場会社、日本インターを買収。これを機に京セラは実質半導体生産に参入、2016年8月には日本インターを吸収合併

13

カメラの老舗から事業展開

製品が変化したメーカー：コニカミノルタ

カメラやフィルムの老舗コニカと、カメラや複写機など光学機器のミノルタが経営統合して現在の形になりました。ここでは、コニカミノルタの現在の事業戦略などについて見ていきます。

祖業のカメラからはすでに撤退

コニカとミノルタが合併して現在の形になったのは二〇〇三年です。ともにデジタルカメラメーカーとして知名度も高く、コニカブランドあるいはミノルタブランドのデジタルカメラは多くの人が手にしていました。しかし、デジタルカメラ市場への不安から両社は経営統合を決め、さらに合併から三年後の二〇〇六年にはデジタルカメラ市場から撤退しています。

コニカの前身は一八七三年創業の「小西屋六兵衛店」で、一方のミノルタの前身は一九二八年創業の「日独写真機商店」です。ともに写真機あるいはフィルム、レントゲンフィルムなどを手がけ、その後、デジカメや複合機など事務機器に事業展開していった経緯があります。

ともに老舗メーカーで、フィルムカメラからデジタルカメラへの転身も遂げていました。しかし合併後、カメラ事業そのものからも現在は撤退しています。

現在のコニカミノルタ

コニカミノルタは祖業だったカメラ事業から撤退したあとも、HDD用ガラス基板事業から撤退、逆に医療機器や有機ELやLED照明事業には参入するといった事業再編を行い、現在に至っています。

二〇年三月期の売上構成は、複合機などオフィス事業五五％、産業用印刷機などプロフェッショナルプリント事業二一％、ヘルスケア事業九％、産業用材料・機器事業一一％、その他四％となっています。

現在のところ、複合機や産業用印刷機で全体の八割近くを占めるという業態です。

ヘルスケア事業に注力

コニカミノルタは、二〇年三月期に新型コロナウイルスの影響もあって十四年ぶりに最終赤字となり、さらなる事業展開に取り組んでいます。

コニカミノルタが今後力を入れていこうとしているのがヘルスケア事業です。その背景として、売上の過半を占める複合機など事務機器事業が飽和状態となっていることが挙げられます。

コニカミノルタのヘルスケア事業は、同社がこれまで蓄積してきた画像処理技術を活かしたものです。具体的には、各種画像診断装置・システムなどの製造・販売、保守サービスなどが主な中身となっています。

また、ヘルスケア事業の一環として、バイオヘルスケア事業にも取り組んでいます。二〇一七年には、過去最大のM&A案件となった米国の最先端遺伝子診断会社、アンブリー・ジェネティクス社（略称AG社）を総額一一〇〇億円で買収しているほか、さらに三二〇億円を投じて米国の創薬支援ベンチャーも買収しています。

コニカミノルタの売上構成比

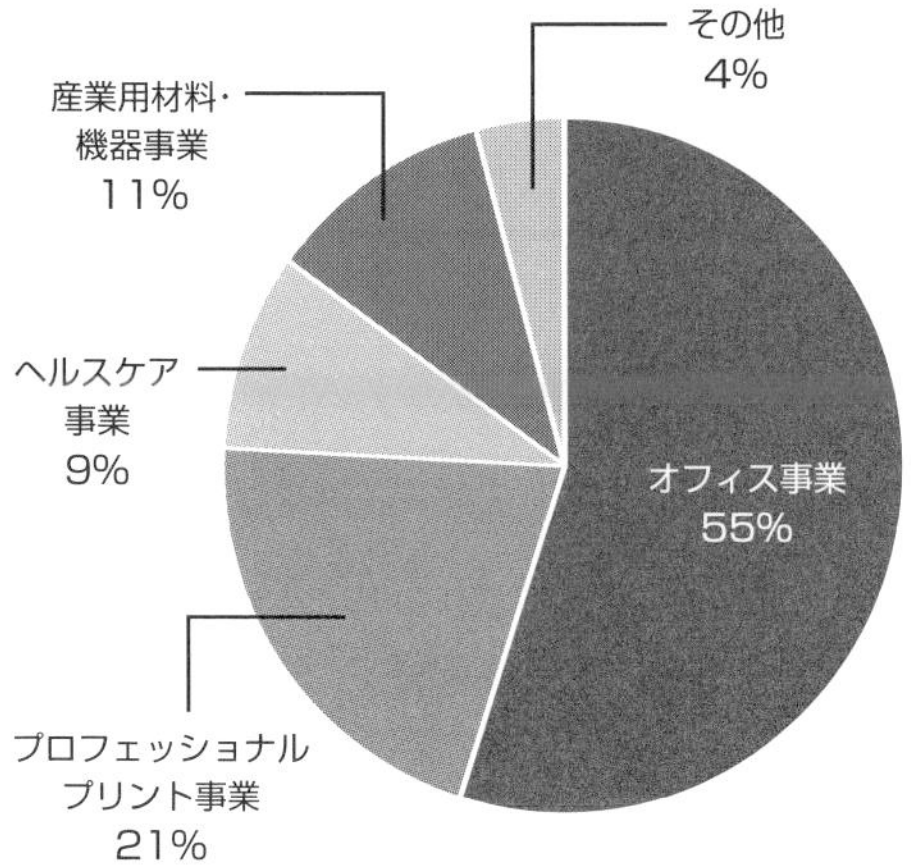

※ 2020 年 3 月時点

14 アルプス電気とアルパインが統合

製品が変化したメーカー：アルプスアルパイン

電子部品メーカーとして知られたアルプス電気は、現在はグループ会社だったアルパインと統合し、アルプスアルパインとして運営されています。近年は、電子機器への展開を強めています。

電子部品専業から機器にも展開

アルプスアルパインの前社名はアルプス電気です。二〇一九年一月に、グループ会社だったアルパインと経営統合、社名をアルプスアルパインに改称しています。

経営統合は、アルプス電気の電子部品製造技術と、アルパインのカーナビなど車載機器およびソフトの開発力、システム設計力を組み合わせるのが狙いでした。

電子部品メーカーとして一時代を築いたアルプス電気ですが、電子部品製造だけではなく、機器事業にも展開していこうという思惑となっています。

アルパインは、もともとグループ会社ではありましたが、アルプス電気とは経営が切り離されていました。アルパインも株式を上場していたため、独立した上場会社という位置付けで、アルプス電気は大株主という存在にとどまっていました。

このためアルプス電気としては、アルパインの事業を活用するのに限界があったため、経営を統合して一体運営を図ることになったのです。

経営統合により、統合会社では車載事業だけでなく、ヘルスケアやIoT分野などにも展開し、新しいビジネスモデルの立ち上げを図っていく計画になっています。

アルプス電気とアルパインの歴史

アルプス電気は一九四八年の創業で、六一年に株式を上場しています。電子部品メーカーが上場したのはアルプス電気が最初だったといわれています。

アルプス電気は、エアバリコンなど可変コンデンサをはじめ、スイッチ、センサ、高周波デバイスなど各種電子部品を製造するメーカーという位置付けでした。

一方のアルパインは、一九六七年にアルプス電気と米国モトローラ社との共同出資で設立されています。アルパインは、当初はオーディオ機器を生産しており、その後カーオーディオ、カーナビなど車載機器事業に展開していました。

七八年にはいったんアルプス電気が全額出資子会社化しますが、その後アルパインは八八年に株式を上場し、アルプス電気は筆頭株主という位置付けでした。経営統合を決めた二〇一七年の時点ではアルパインの発行済み株式の四割余を握っていました。

ちなみに、一七年に経営統合を決めてから実際に統合が実現するまでには、香港投資ファンドの反対などもあって三年近くの歳月がかかっています。

2020年のアルプスアルパインの売上構成

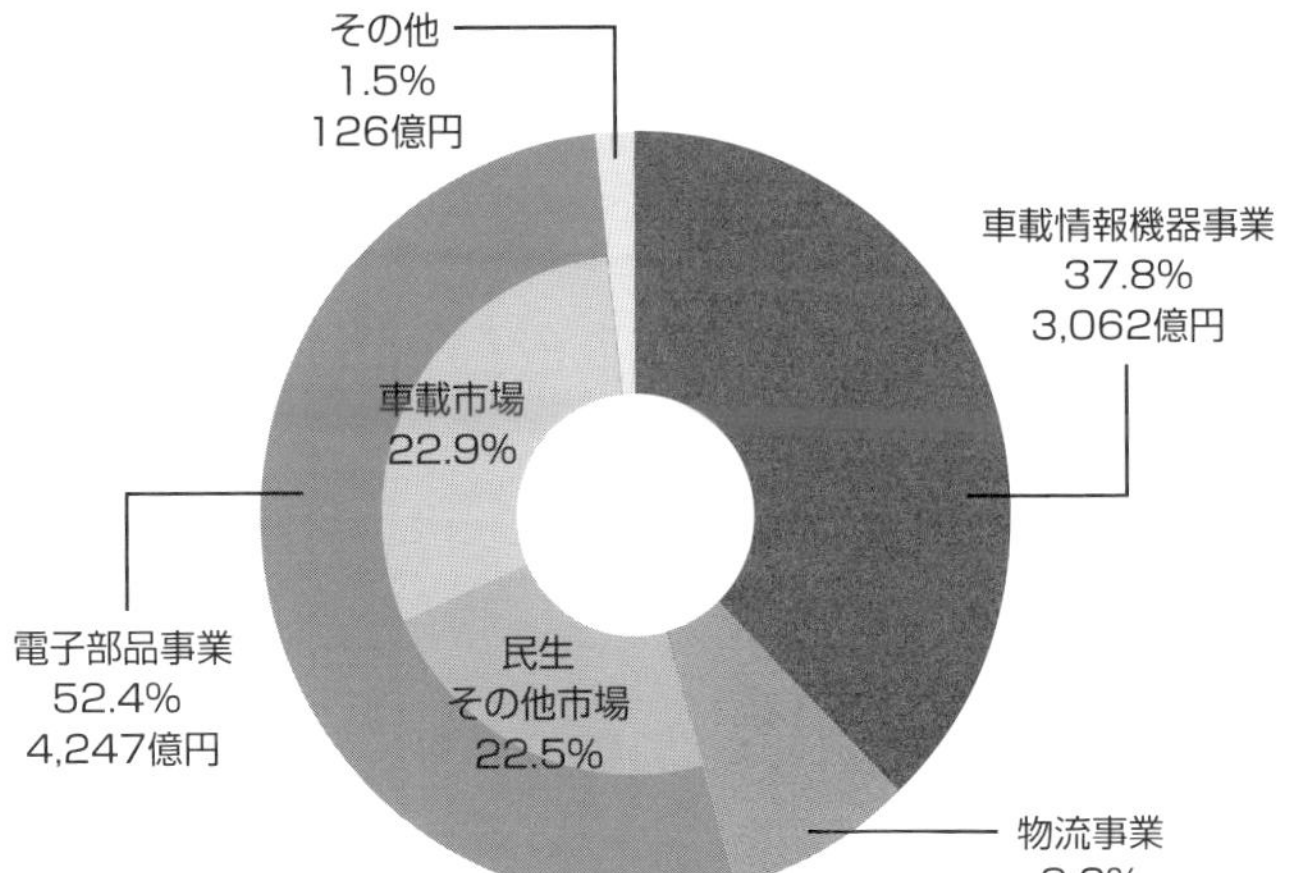

15

電源大手の失策となったパワコン

急成長後に上場廃止したメーカー：田淵電機

田淵電機は創業から百年近い業歴があり、電源機器の上場会社として知られる企業でした。しかし、急成長の先に思わぬ落とし穴があり、上場廃止に追い込まれました。

電源機器大手

受注が低迷して経営状態が悪化するばかりでなく、受注が拡大したあとで急失速してしまうというケースもあります。

田淵電機は、大阪に本社を置く電源機器の上場会社として、業界の人間は誰でも知っている会社でした。しかし経営悪化から自主再建を断念、現在は自動車用点火コイルなど自動車機器製造の上場メーカー、ダイヤモンドエレクトリックホールディングスの全額出資子会社として、上場も廃止となり再出発しています。

田淵電機という会社そのものは現在でも残っていますが、ダイヤモンドエレクトリックホールディングス傘下では、創業家である田淵家は手を引いており、経営陣も一掃されています。

転機となったパワコン事業

田淵電機は、一九二五(大正一四)年創業という老舗で、当初は珪素《けいそ》鋼板の販売およびラジオ用鉄芯の製造を行い、その後トランス製造、さらに電源機器の製造へと踏み出していきます。

田淵電機にとって転機となったのはパワーコンディショナ事業への展開です。

パワーコンディショナはパワコンとも呼ばれますが、発電された電気を家庭や企業で使用できるように変換する機器です。インバータの一種で、技術的には田淵電機がもともと手がけていた電源機器の応用です。

省エネブームのなか、太陽光発電の需要が急速に広がり、この太陽光発電を利用するには太陽光発電向けパワーコンディショナが必要なことから、一気に市場が拡大、田淵電機の業績も大きく伸びるきっかけとなりました。

急成長から急失速

太陽光発電の市場は、東日本大震災の教訓もあり二〇一二年ごろから急拡大、田淵電機の太陽光発電向けパワコンも需要が急速に拡大しました。

この結果、一二年三月期に二六六億円だった田淵電機の売上高は、三年後の一五年三月期に五三三億円とちょうど倍増しています。

こうした業績拡大のなかで、さらなる市場の拡大を見込んで、田淵電機は積極的な増産投資も行いました。二〇一五年にはベトナム、さらにはタイで新工場を建設、欧州でもドイツのトランスメーカーを買収、これらの投資を銀行からの借入金で賄いましたが、結果的にはこれが裏目に出ました。

太陽光発電の買い取り制度見直しが行われるなか、さらに市場が急拡大した反動や競争の激化もあり、田淵電機として拡大投資が続いていた二〇一六年には早くもパワコン事業は失速し始めます。

前述のように一五年三月期には売上高が五三三億円にまで達していましたが、一八年三月期には二六四億円にまで減少しています。つまり三年で倍増、その後の三年で今度は半減で元に戻り、この間の巨額な設備投資だけが財務を圧迫するという結果となったのです。

利益面でも一七年三月期からは赤字で、過年度の過剰投資の反動もあり、一八年三月期末時点で自己資本比率は六％弱にまで低下、債務超過寸前にまで追い込まれています。

事業再生ADRの申請

そして一八年六月に田淵電機は自主的な経営立て直しを断念し、**事業再生ADR**＊を申請します。

この事業再生ADRにスポンサーとして手を挙げたのがダイヤモンド電機(現在のダイヤモンドエレクトリックホールディングス)で、同社の子会社となる形の再出発を決めたのです。

用語解説

＊**事業再生ADR**　会社更生法や民事再生法などの法的手続きによらず、債権者と債務者の合意に基づき、債務の猶予・減免等を行う手続きのこと。過剰債務に悩む企業の問題を解決するために利用される。

16

急成長から一気に業績悪化

急成長後に上場廃止したメーカー：アーク

アークは立て続けの企業買収により、売上高はわずか四年で五倍となりましたが、その後は一転して売却に転じ、ピークから三年後には今度は四分の一になっています。

二〇二〇年に上場廃止

製品開発等の支援事業を手がける**アーク**は、三井化学の完全子会社となり、二〇二〇年七月に上場を廃止しました。

二〇〇〇年代には相次いで企業買収を行い、業績が急拡大していますが、業績が悪化すると一転し、買収した企業を今度は売却するようになり、最終的には三井化学の子会社に収まりました。

その買収に方向性がまったくなかったわけではありませんが、最終的には「何がしたかったのか？」と方向性を疑問視される結果になっています。

企業買収、売却そして上場廃止

アークは二〇〇三年ごろからM&Aを加速させています。この結果、〇四年三月期に八一六億円だった連結売上高は、わずか四年後の〇八年三月期には五倍近くの三八三三億円にまで達しています。

アークはもともと金型や樹脂成形品などのメーカーでしたが、デザイン、設計、試作、金型製造までの一貫したライン構築を目指すとともに、プリント基板メーカーなども買収して試作品製造などを幅広く手がけるメーカーを目指しました。

その結果、国内ではジャスダック上場の南部化成をはじめとして、コニカ系の金属加工会社岡山ミノルタ精密、樹脂成形のムネカタ、さらにはプリント基板メー

アークの売上高推移

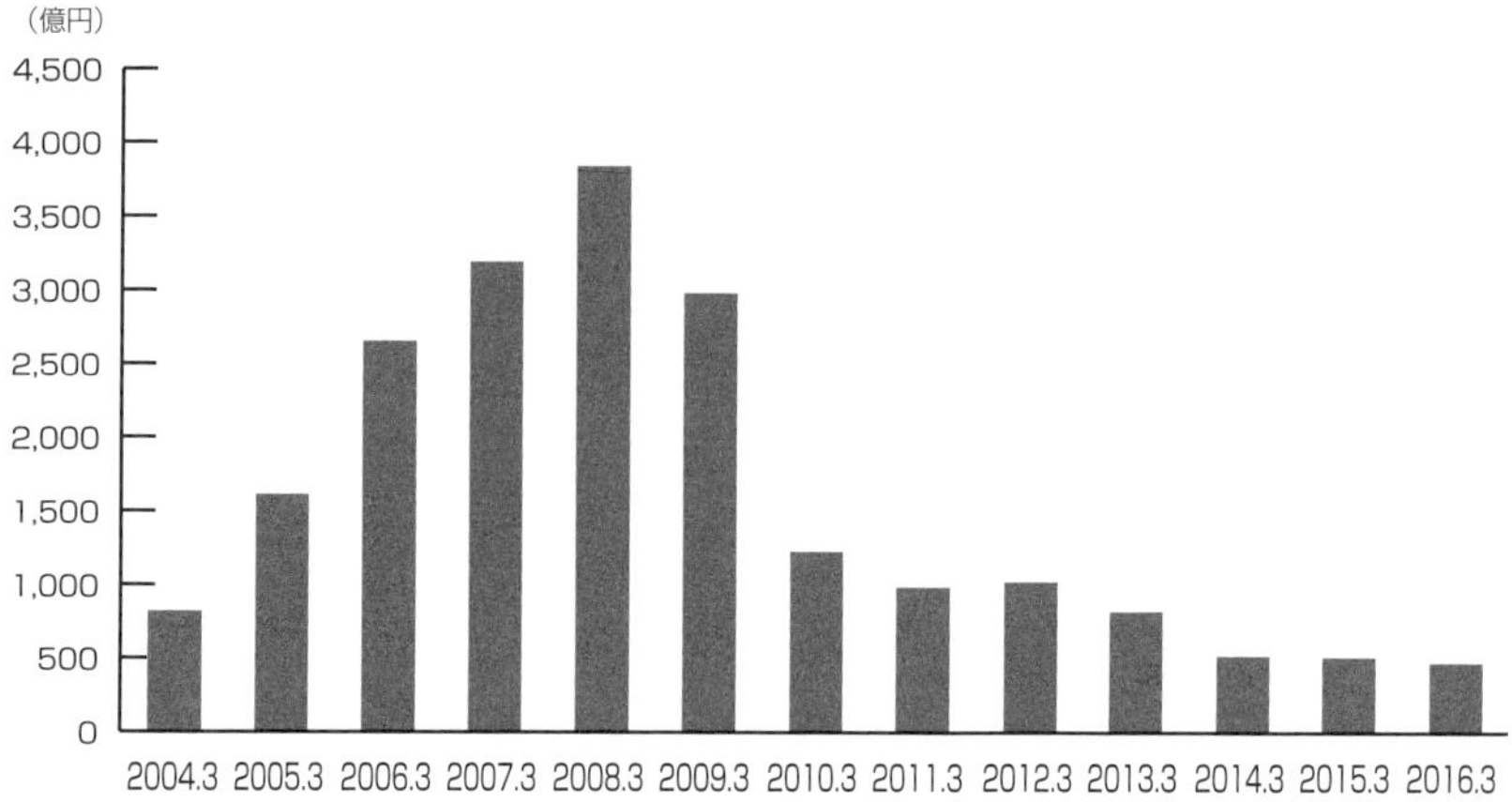

※ 2020年 7月に上場廃止

カーのサトーセン、クローバー電子工業、キョウデンプロダクツ、日本ミクロンなどの買収を手がけました。

業績悪化で一転して売却へ

しかし、経営規模が拡大する一方で早くも〇七年三月期から欠損に転落しており、一三年三月期まで七年連続で最終赤字となるなど、会社として利益を確保できない状況が続きました。

このため、売上高がピークを打った二〇〇八年ごろから一転し、買収した企業を今度は売却するようになっています。

この結果、ピークから三年後の一一年三月期の売上高は九八一億円にまで急落し、ピーク時の四分の一になっています。

こうしたなかで資本面では、オリックス傘下を経て、二〇一八年からは三井化学傘下となり、さらに同社による完全子会社化でついに上場を廃止しました。

M&Aで事業規模を急拡大させ、すぐに今度は売却に転じて急降下となった経緯については、「何がしたかったのか？」という批判も致し方ないところです。

17 一時は電子部品商社の最大手

急成長後に上場廃止したメーカー：黒田電気

黒田電気は電子部品商社とメーカーの機能を併せ持つ企業です。海外でのEMS事業*で拡大を遂げていたのですが、現在ではファンドの傘下に入っています。

一時は電子部品商社最大手

黒田電気は、一時は電子部品商社として上場していた専業商社のなかでは、業界トップという存在でした。しかし減収が続き、いまでは投資ファンドの傘下に入り、上場も廃止しています。

黒田電気は、二〇一五年三月期には連結ベースで三二六四億円の売上があり、この時点では上場の電子部品・材料商社としては業界トップの存在に躍り出ていました。

メーカーとしての機能もあったのですが、電子部品商社がEMS拠点も持っているのは珍しいことではないので、上場の専業商社として一時期リンバーワンの存在だったといってよいでしょう。

しかしその後は一転して受注減少が続き、黒田電気が投資ファンドのMBKパートナーズによる株式公開買い付け（TOB）を受け入れ、上場を廃止したのは二〇一八年三月のことでした。

上場廃止後にまとまった形の上場最後の一八年三月期は、連結売上高が一五二〇億円となっています。一五年三月期からの三年間で半分以下にまで落ち込んでいたことになります。

海外拠点での基板実装に強み

黒田電気は、独立系の電子部品・材料商社で、電子部品・材料などの販売業務が主力ですが、外注工場や子会社を使って生産も行っており、メーカー的機能も持っています。製造事業としては液晶バックライトの

用語解説

＊EMS事業　電子機器の製造を受託するサービスのこと。Electronics Manufacturing Serviceの略称。

組み立て、ＨＤＤ用部品などを手がけていました。

電子部品販売では、系列を超えた豊富な仕入れに強みがあり、幅広く調達した電子部品を基板ユニットの形で納品できるのが強みでした。さらに、これを海外工場で行い、日系企業の海外工場に直接納入するなどの手法で成長を遂げてきたのです。

海外拠点としては、アジアだけでもインド、インドネシア、中国（深圳《しんせん》、東莞《とうかん》、合肥《ごうひ》）、タイ、ベトナムなどに生産・加工、基板実装の拠点を持ち、ベトナムではもともと南部のドンナイ省に拠点がありましたが、業績がすでに下降線をたどっていた二〇一七年、ハノイに自動車市場向け基板実装事業で進出しています。受注低迷期に投資を行ったことがさらに裏目に出た側面は否めません。

さらなる再編へ

電子部品商社として、基板実装や加工などの拠点も併せ持つという戦略そのものに無理があったわけではありません。むしろいまの電子部品商社の間では、電子部品を基板に組み込む基板実装、さらにはＥＭＳまで手がけるのが主流でさえあります。

しかしこうしたなかで、なぜ黒田電気だけが成長戦略を維持できなかったのか？　その理由はいくつかあると思われますが、液晶市場向けのビジネスが比較的多く、そのことが液晶市場低迷のなかで誤算になったという一面もあります。

なお、黒田電気は二〇二〇年四月から持株会社制となり、製造部門はグループ内の別会社として、自身は電子部品の商社業務に専念する体制となっています。

黒田電気の売上高推移

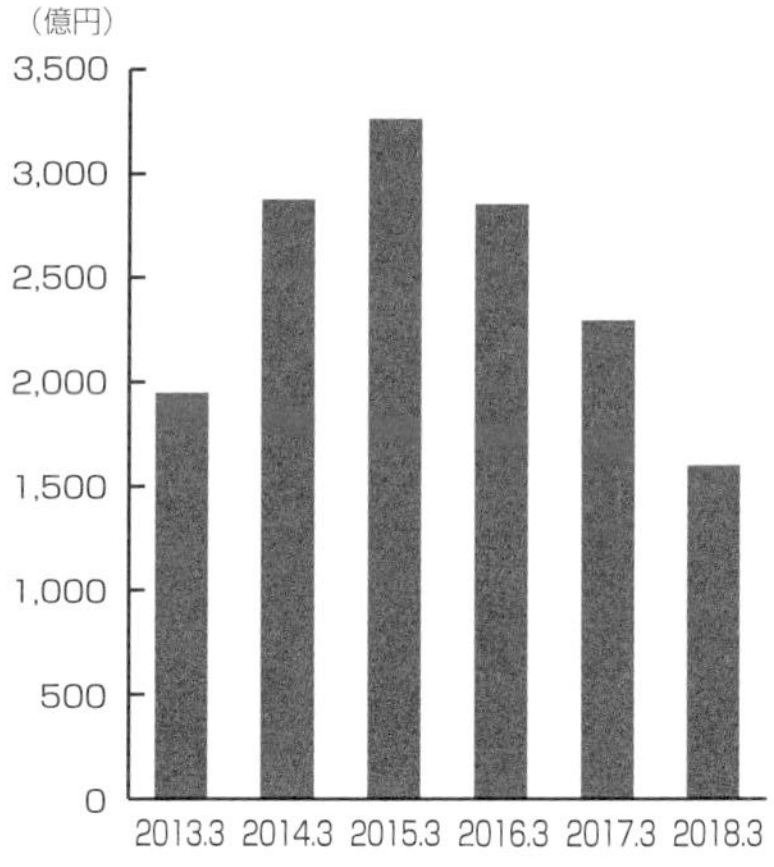

※ 2018 年3月に上場廃止したため、
18 年3月期は推定

18

会社更生法申請

倒産した大手：エルピーダメモリ①

エルピーダメモリはDRAMと呼ばれる半導体の記憶装置大手であり、かつては半導体王国だった日本の最後の牙城でしたが、二〇一二年に倒産しました。

倒産の定義

倒産の定義は実は曖昧です。一般的には法的申請をした場合に「倒産した」という言い方をしますが、民事再生法や会社更生法の場合は、事業は継続していきます。

取引先への支払いや銀行借入金の返済は棚上げになりますが、仕事はそのまま続けられます。逆にいうと、借入金の返済や取引先への支払いが困難になったが、仕事は継続したい場合に、民事再生などを申請します。

逆に支払いもできないし、事業継続でのものを完全に断念する場合には破産を申し立てることになります。この場合は会社も存続しません。

前項で田淵電機を取り上げましたが、田淵電機は事業再生ADRを申請しています。事業再生ADRは一般的には倒産とはみなされません。銀行借入金の返済のみ猶予してもらい、取引先への支払いは継続するからです。

エルピーダメモリは、二〇一二年二月に会社更生法の適用を申請しています。会社更生法の適用は倒産を意味します。負債四四八〇億円はこの時点で製造業では戦後最大の倒産*といわれました。

国内唯一のDRAM専業大手

エルピーダメモリの会社更生法申請の記者会見には筆者も行きましたが、大手メディアがすべて駆け付ける異様な雰囲気でした。

実際には驚きよりも、やはり倒産してしまったかと

用語解説

*製造業で戦後最大の倒産　2018年にタカタがエルピーダメモリを上回る負債1兆5,024億円（申請当時）で倒産しており、現在はこちらが戦後最大といわれる。

いう印象でしたが、それでも日本に残された最後の半導体専業大手の倒産は、エレクトロニクス業界の大事件でした。

エルピーダメモリは、一九九九年にNECと日立製作所の半導体（DRAM）事業を統合して設立されました。二〇〇三年には三菱電機のDRAM事業も統合したため、国内唯一のDRAMメーカーとなっていました。

DRAMは、半導体メモリ（半導体記憶装置）の代表的な存在で、パソコン、スマホ、デジタル家電など多くのエレクトロニクス製品に搭載されています（半導体の区分の詳細は第2章を参照）。

DRAM世界三位

DRAMのシェアとしては、エルピーダメモリ発足時点では、NECが一割余、日立製作所はそれより少なかったので、合わせておよそ二割という状況でした。

その後四%台にまで落ち込んだ時期もありますが、三菱電機の関連事業統合や坂本幸雄氏が社長に就任して手腕を発揮したことなどで、二〇〇六年には再び二ケタ台に戻し、その後は経営統合当初のシェアほぼ二割の水準にまで戻します。

エルピーダメモリは、韓国勢のサムスン電子、SKハイニックスに次ぐ世界三位のDRAMメーカーという位置付けを確保するのですが、それでもDRAM価格の下落により次第に利益がとれない体質になっていました。

DRAM 2011年1Qの世界市場シェア

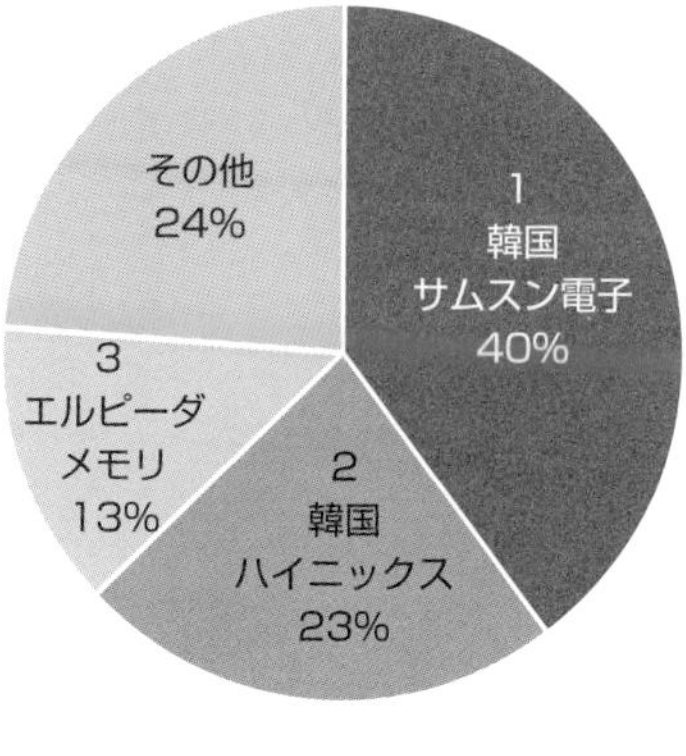

※ベンダーによる金額ベース
出典：DRAMeXchange

19

日の丸半導体凋落の象徴

倒産した大手：エルピーダメモリ②

DRAM価格の下落で経営破綻に追い込まれた半導体専業大手のエルピーダメモリ。半導体大国だった日本凋落の象徴となった同社について、引き続き見ていきます。

DRAM価格の下落

DRAMの単価下落で、エルピーダメモリの経営が一気に厳しくなった二〇一一年、決算説明会の席上、坂本幸雄社長（当時）は「（DRAMは）最先端の技術を使っているのに、おにぎり半分の値段でしか売れない」という名言（?）を残し、この言葉は語り草になっています。当時のDRAMのスポット価格は一個一ドルを割り込んでおり、利益がとれる水準ではなくなっていました。

二〇一一年という年は、リーマンショックによる景気低迷が続くなかで東日本大震災による景気悪化もあり、エルピーダメモリのDRAMの主要供給先だったパソコン市場も低迷、経営環境は一段と厳しくなっていました。

エルピーダメモリは、リーマンショック直後の〇九年三月期にも大幅赤字となるなど経営状態が悪化していたのですが、このときは経済産業省が産業活力再生特別措置法を適用して公的支援を行い、日本にDRAM企業を残すという大義名分のもと、乗り切っています。しかし「おにぎり半分」発言の二〇一一年には再び手元資金が枯渇して、巨額の借入金返済に待ったなしの状態になっていました。

法的申請当日まで資金調達

最終的にエルピーダメモリは二〇一二年二月に会社更生法の適用を申請するのですが、資金調達の努力はギリギリまで続けられていました。

のちに坂本氏が語っていますが、いったんは米国マイクロン・テクノロジ（略称：マイクロン）との経営統合で話がまとまっていました。しかし、話を主導的に推進していたマイクロンのアップルトンCEOが飛行機事故で急死するという出来事で、話が白紙に戻ったのは想像を超えるエピソードです。

ほかにも広島工場の半分を売却する話があったのですが、最終的に合意に至りませんでした。エルピーダメモリが会社更生法の適用を申請したのは、この工場売却で最終的に合意に至らなかった日の午後だったといわれています。

現在のエルピーダメモリと坂本氏

エルピーダメモリは結局、会社更生法申請によりスポンサーを求め、最終的にはマイクロンとのスポンサー契約で合意、現在はマイクロンメモリジャパンという形になっています。

また坂本幸雄氏は、エルピーダメモリの業績を一時は回復させ、経営者として脚光を浴びましたが、倒産によって一転して批判を浴びました。

エルピーダメモリを退いたあとは、DRAM開発会社の立ち上げに関わり、さらに二〇一九年には中国紫光集団の高級副総裁および日本子会社の最高経営責任者（CEO）に就任しています。

DRAM 2019年4Qの世界市場シェア

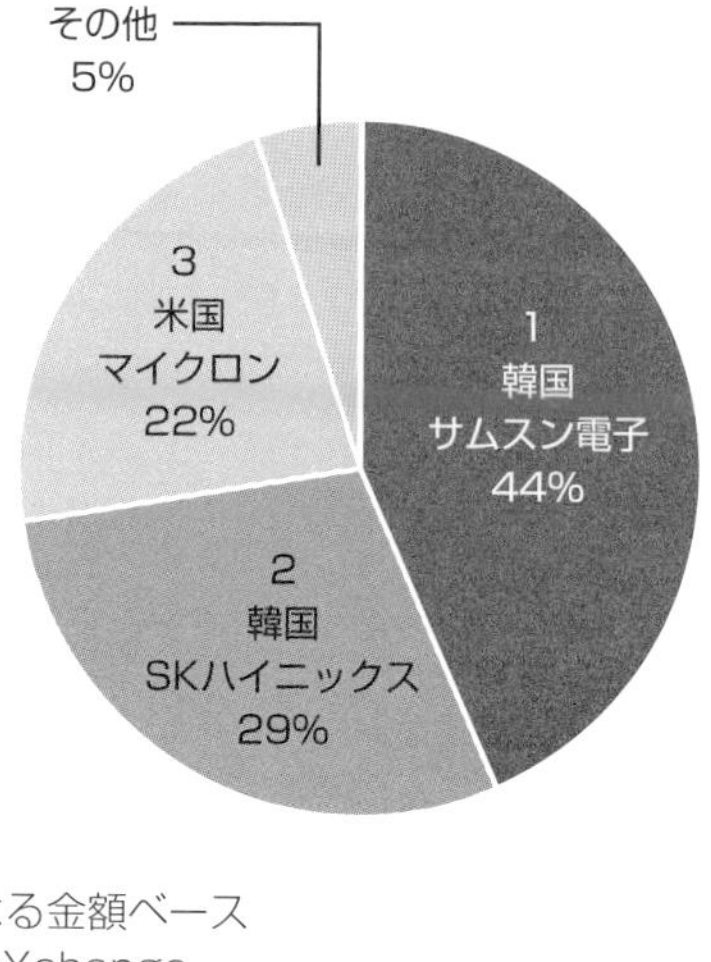

※ベンダーによる金額ベース
出典：DRAMeXchange

column

SF と近未来

小説であれ、映画であれ、あるいは漫画であれ、近未来を描いた作品に登場するアイテムには、描かれたとおりに実現したものと、いまだ想像の域にとどまっているものがあります。

「タイムマシン」は誰でも一度は夢見た装置だと思いますが、やはりそれはいつまで経ってもSFの世界の存在です。

一方、ジョージ・オーウェルによって書かれ、1949年に刊行された小説『1984年』に描かれた、監視カメラなどで高度に管理された世界は現実のものとなっています。ドラえもんの「どこでもドア」は永遠に憧れの存在のままだと思いますが、ドラえもんの初期作品に登場する携帯型のゲーム機・カメラは現在のスマホそのものです。

いまではスマホは誰もが持ち歩き、街角でも電車でも覗き込んでいます。レストランでも、ひとまず皆、スマホで写真を撮ります。

スマホ的な機器の登場は予測されていたかもしれませんが、ここまで皆がスマホを手にして生活している状況までは想像できなかったでしょう。現実は想像の世界をさらに超えました。

近未来を構成すると思われているものにウェアラブル機器があります。メガネ型のウェアラブル機器については、工場の製造現場などBtoBから浸透すると思われますが、BtoCでスマホに置き換わる時代も遠からず来るに違いありません。

そのときは、現実の空間とは別のもうひとつの情報空間が人々の目の前に広がっているでしょう。同じ空間にいながら、実際には皆がスマホの小さな画面を覗き込んでいるように、同じ街にいながらそれぞれが別の風景を見ているというような世界が来るのかもしれません。

それはSFではなく、確実にやってくる近未来です。

第5章

次世代のエレクトロニクス技術

5GやIoTなどの技術開発により、エレクトロニクス業界における技術も大きな変化を遂げています。本章では、押さえておきたい次世代のエレクトロニクス技術について解説します。

5G①

通信システムの歴史と5Gの時代

二〇二〇年は5G元年といわれています。5Gは新しいモバイル通信システムとして注目されていますが、そもそもどのようなものなのでしょうか？　モバイル通信システムの歴史から見ていきます。

二〇二〇年は5G元年

日本では二〇二〇年から5Gの時代に突入しています。携帯電話大手三社が二〇二〇年三月から5G携帯サービスを開始したことなどから、二〇二〇年は5G元年ともいわれています。

折しも二〇二〇年は新型コロナウイルスの感染拡大で、世界的に大きな経済的な打撃を受けました。エレクトロニクス業界もこうした影響と無縁ではないのですが、基地局の設置など5G関連の投資だけは拡大しました。5Gの時代をにらみ、各社とも投資の手を緩めるわけにはいかないからです。

業界的には、コロナの影響によるマイナス部分の多くを、5G需要はカバーしました。

モバイル通信システムの歴史

そもそも5Gとは何なのでしょうか？　簡単にいうと、新しいモバイル通信システムです。

歴史的には、アナログ携帯電話の時代に始まり（1G）、モバイル通信がアナログからデジタルに移行してパソコンでのインターネット接続が始まり（2G）、さらに通信の高速化によりモバイル機器でのインターネット接続が一般化（3G）、その後は3・5世代や3・8世代という言われ方もしますが、画像や動画を携帯電話（スマホ）でも見られるようになりました（4G）。

5Gの時代になるとスマホの活用方法が進化するだけでなく、あらゆる端末がインターネットで通信可能となり、新しい世界観が広がると見られています。

ワンポイントコラム

新型コロナウイルス感染拡大の影響で、2020年は激動の年となりましたが、エレクトロニクス業界への影響は限定的でした。それは5G需要による下支えが大きかったといえます。5G普及のための基地局整備などが、コロナによるマイナスをカバーしました。

モバイル通信システムの歴史

1G	1980 年代		アナログ携帯電話
2G	1990 年代		アナログからデジタルに移行し、パソコンをインターネットに接続
3G	2000 年代		モバイル機器でのインターネット接続が可能に
4G	2010 年代		LTE など高速化技術で、スマホによる動画閲覧が可能に
5G	2020 年以降	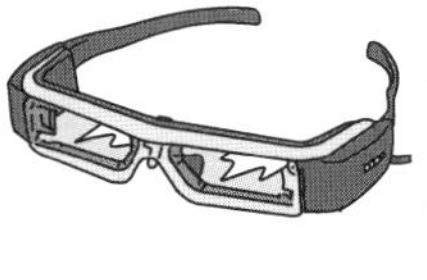	スマホだけでなくあらゆるものがネットにつながる IoT の時代

2

5G②

5Gで何が変わるか

5Gには、超高速や超低遅延などこれまでのモバイル通信技術にはない特徴があります。また、5Gの普及により医療や製造の現場も大きく変わるといわれます。ここでは、5Gで何が変わるかを見ていきます。

5Gの特徴

5Gの通信システムには「超高速・大容量」「超低遅延」「多数同時接続」などの特徴があります。

「超高速・大容量」については、理論上ではありますが、4Gのおよそ百倍の通信速度があります。具体的にいうと、4Gの通信速度は一〇〇Mbpsから1Gbpsというレベルなのですが、5Gでは最大で一〇Gbpsとなっており、一〇〇倍程度の速さは期待できるというものです。

4Gなら一〇秒程度かかるデータ通信も、5Gであれば一秒以下、コンマ何秒という瞬時の作業となります。コンテンツの表示やダウンロード時における無駄な待ち時間は限りなく少なくなります。一般的には二時間の映画を、5Gでは三秒程度でダウンロードできるといわれています。

「超低遅延」とは、簡単にいうと高画質を維持したまま配信の視聴遅延を抑えることができる機能のことで、5Gは4Gの一〇分の一以下となっています。

数値で示すと、4Gでは一〇msの遅延があるのですが、5Gでは一msに改善されるというものです。遅延が少なくなることでリアルタイムにデータを送受信できるようになり、音や画像のズレがなくなります。個人のインターネット利用などでは遅延はあまり気にならないかもしれませんが、遠隔地のロボット操作、医療現場など、産業用では極めて重要です。

「多数同時接続」については、これまではスマホやパソコンなどせいぜい数台での同時接続が限界でしたが、一〇〇個程度の端末やセンサの同時接続も可能になると見られています。

これも個人や家庭ではあまりメリットは意識されないかもしれませんが、インフラ的には多数接続が可能になることは大きな意味を持ちます。

5Gが変える社会

5Gのこうした特徴によって、すべてのものがインターネットにつながるIoTの時代が実現します。

超高速・大容量のデータ送信は、映像コンテンツの世界はもとより、スポーツ観戦やアミューズメントなどでも新しい価値観の創出が期待されます。

超低遅延では、遠隔地からのロボット操作や医療現場での活用により、日常的な作業もですが、災害時の救急医療の在り方が変わることも想定されます。

多数同時接続では、家庭のすべてのものが通信で管理でき、さらに工場などの現場でも在庫管理や生産現場での管理において一元化が可能になります。街づくりなど都市計画においても、スマートシティなどの実現が見込まれます。

5G総合実証試験の概要

多数同時接続（mMTC）	超高速・大容量（eMBB）	超低遅延（URLLC）
在庫管理	8K映像のマルチ伝送	遠隔操作
橋梁《きょうりょう》検査	スポーツ	遠隔医療
	時速100km以上で走行する車／電車における通信	トラックの隊列走行

出典：総務省

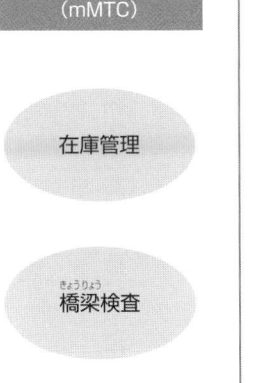

3 ローカル5Gの強みと市場

通信の公共インフラともいうべき5Gに対して、整備のハードルが低いローカル5Gは、5G以上に幅広く普及する可能性があります。

ローカル5Gのメリット

5Gには、携帯電話事業者が整備するインフラとしてのものだけではなく、限定された敷地や建物内で企業などが個別に設定する「ローカル5G」と呼ばれるものがあります。

ローカル5Gにはいくつかのメリットがあります。その最大のものは、インフラ整備を待つのではなく、クローズドな空間でプライベートに構築して、企業や自治体などが独自に使用することができるという点です。

このためハードルが低く、携帯事業者によるエリア展開が遅れる地域においても、独自の5Gシステムを構築することが可能です。

また、使用目的に応じて必要となる性能を柔軟に設定することが可能なほか、他の場所の通信障害や災害などの影響を受けにくいといった利点もあります。

さらに、限定された場所での使用となるため、機密性の高い情報を扱う場合でも、5Gよりもセキュリティが担保されているといえます。

ローカル5Gの市場規模

市場の見通しとして、パブリックエリアでの5Gは二〇二〇年には世界市場でおよそ八兆円の市場規模だったのが、二〇三〇年にはおよそ二〇倍の一六〇兆円にまで拡大するという見通しも示されています。

これに対して、ローカル5Gの市場規模は二〇二〇年の段階では限定的で、一〇〇〇億円余と見られています。ただし、これが二〇三〇年には一一兆円になるという試算も出ており、これは5Gの二〇倍をはるかに上回る一一〇倍の伸びということになります。

予測はあくまでも予測ですが、前述のようなメリットも考えると、ローカル5Gはニーズに応じて、5Gよりも幅広く普及していく可能性があります。

ローカル5Gの活用事例

5Gは公共投資として、個人生活に密着しますが、ローカル5Gは企業や施設などがニーズに応じて個別に導入する形で活用される見通しです。

ローカル5Gは、会社、工場、農場、建設現場、イベント会場、病院などの施設内でそれぞれ活用されるケースが想定されています。

ローカル5Gを活用することで、セキュリティを確保したうえで情報のやりとりができ、情報を一元管理することなども可能になります。

ローカル5Gの内容と特徴

ローカル5Gとは
地域や産業の個別のニーズに応じて、地域の企業や自治体などの様々な主体が、自らの建物内や敷地内でスポット的に柔軟に構築できる5Gシステム
他のシステムと比較した特徴
・携帯事業者によるエリア展開が遅れる地域において、先行して構築可能
・必要となる性能を柔軟に設定することが可能
・他の場所の通信障害や災害などの影響を受けにくい
・無線局免許に基づく安定的な利用が可能

出典：総務省ウェブサイト

IoT①

4

IoTの定義と新技術の活用

IoTは近年注目されているキーワードの一つです。IoTにより私たちの暮らしがどのように変わり、エレクトロニクス業界にどのような関わりがあるのかを見ていきます。

そもそもIoTとは

IoTは「モノのインターネット」とも訳されます。要は、すべてのものがインターネットでつながる社会を意味しています。

インターネットは、もともとコンピュータ向けの情報技術でしたが、現在ではスマートフォンやタブレット端末もインターネットに接続され、街中のどこでもインターネットから情報を得られるようになりました。

IoT化された社会においては、この変化がさらに飛躍的に進みます。家庭では、パソコンだけでなくあらゆる家電製品もインターネットにつなげることが可能となります。社会では、自動車などの交通機関、都市そのもののあらゆるものもインターネットとつながることでサービスが向上し、工場など産業の場においても活用が見込まれます。

IoTの構図

IoTは、すべてのものがインターネットにつながる仕組みです。したがって対象物はありとあらゆるものになります。

家電、照明機器、自動車といったものだけでなく、ペンなど文房具、時計など日用品も対象物となります。工場では装置、製品、製造中の半製品も対象になります。また、ペットなどの動物や農作物も対象です。

こういった対象物の状況を知るためにはセンサが必要となります。対象物がどういう状態なのかを感知するのはセンサの役目です。センサはそのときの状況（移動している場合は速度も）、振動、温度など多くの状態を感知する必要があります。

対象物の状況をセンサが感知してデータとして読み取り、それをパソコンなどの端末に送って情報化します。

情報は分析処理されてフィードバックされていくわけですが、このプロセスにおいてはクラウド上にデータが集積されてAIなどを活用していくこともあります。

エレクトロニクスが担うIoT

センサ、情報収集用のアンテナやネットワーク、情報処理のアプリケーション、クラウド管理、AIなどのすべてが、ソフトとハードを含めてエレクトロニクスの技術です。

こうした情報をつなぐ5Gの技術や関連機器を含めて、IoTの進展はエレクトロニクス市場の広がりにそのままつながっていきます。こうした状況は、大きなビジネスチャンスになると見られています。

IoTのイメージ

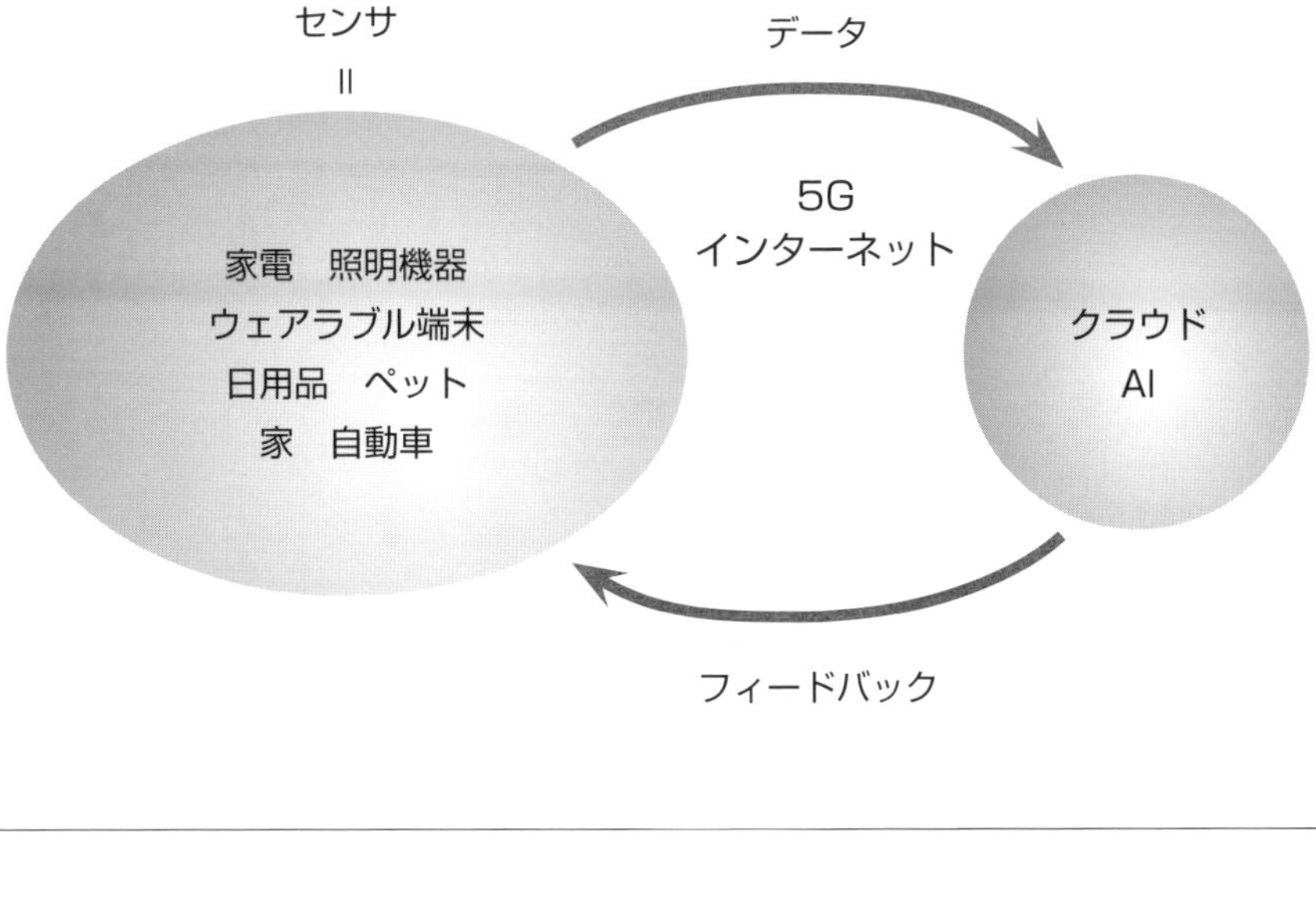

5

IoT②

社会の中で活用される技術

IoTは家庭では戸締りや家電の遠隔操作、製造現場においては工程の管理などでの活用が見込まれています。ここでは、IoTの技術が家庭やビジネスの現場でどう活用されるのかを見ていきます。

家庭と生産現場

IoTで何が変わるのでしょうか？　家庭や産業などの場面でいくつかの事例を挙げてみます。

家庭では、玄関の戸締り、照明器具や家電製品、エアコンなどのスイッチのオンオフ、さらには設定の操作などができるでしょう。また、留守中のペットの行動などを遠隔操作で確認することも可能になります。

工場など製造現場においては、工程の管理を行うほか、製造ラインに異常が発生した場合の検出などもすべて一元管理して、さらにクラウド上の膨大なデータから解決方法を見つけることなども容易になるでしょう。部材調達も製造工程と連動しながら行うことで、全体の効率的な管理にもつながると思われます。現在の状況からは想像しにくいですが、こうした生産の仕組みそのものが大きく変わっていく可能性もあります。

農業、建設現場、病院

農業、建設現場、病院などでは特に、IoT化で多くの問題点が解決されると見られています。これらの業種・現場にはそれぞれ問題点があるのですが、その解決にIoTの活用が期待されています。

例えば農業においては、人手不足が深刻な課題となっています。しかし、IoTで効率化が図れることはその解決につながります。センサで作物や土壌の状況を的確に把握し、ドローンで肥料の散布などを行うことが考えられています。

建設現場も同様です。人手不足の解消もですが、高所など危険な現場において、産業用ロボットを遠隔操作する手法などは今後広がるでしょう。

また医療においては、自宅で医療従事者から治療を受けるオンライン診療などが、病院不足の地域などでは有効です。新型コロナウイルスの感染拡大などから、オンライン診療は急速に普及しつつあります。

ＩｏＴ需要が見込まれる市場

ＩｏＴ化の流れのなかで、製品も対応していく必要があります。ＩｏＴ対応の新製品によって、需要の拡大が見込まれる市場は多数あります。

例えば、自動車、ロボット、ドローン、農業機械、建設機械、ウェアラブル端末機器、ネットワークカメラ、デジタル家電などが挙げられます。

またインフラでいうと、病院および医療機器、スタジアムをはじめとする公共施設、都市交通関連など多くのものがＩｏＴ化への対応のなかで更新需要が進んでいくものと見られています。

IoT社会での変化

活用現場	内容	メリット
工場	製造現場の一元管理 資材調達と販売工程	コスト削減。ローカル5Gによって情報漏洩のリスクが軽減
農場	ドローンを活用した生育把握 AIによるノウハウの蓄積と分析	高齢化とともに働き手が減少している農業従事者の支援
建設現場	産業用ロボットなどによる測量 遠隔地からの建設機械などの操作	危険な現場をロボットなどの作業で行い、データを即時に把握する。遠隔地の作業も本社から操作することで、経費の削減につながる
イベント会場	8K映像を活用したマルチ映像	視聴するだけでなく参加型の体験に
病院	病院同士での患者のデータ共有化 遠隔地からの診療	病院に通い、そこで待ち時間を過ごすという時間がなくなる。過疎地に対する医療の充実

出典：国土交通省『国土交通白書2016』

6 スマートシティの定義と未来

エネルギー、過疎化、ストレス社会、防災など、大都市も地方都市も多くの課題を抱えています。それらを一つひとつ解決していくのがスマートシティの構想です。

スマートシティとは

5G技術を活用したIoT化を都市全体で実現したものが**スマートシティ**です。

国土交通省はスマートシティの定義を「都市の抱える諸課題に対して、ICT*等の新技術を活用しつつ、マネジメント（計画、整備、管理・運営等）が行われ、全体最適化が図られる持続可能な都市または地区」としています。

スマートシティの在り方は一つではない

具体的にはどういう都市がスマートシティとして考えられていて、我々はそこでどういう暮らしができるのでしょうか。総務省は「スマートシティプロジェクト」として文書化しており、そこで全国数十カ所を先行モデルプロジェクトおよび促進プロジェクトの実例として挙げています。

すべてが一つの都市で実現できているわけではありませんが、スマートシティで実現されることのいくつかを具体的に挙げたのが左ページの図です。大都市と地方都市とでニーズが分かれます。過疎化の進む地方都市では、公共サービスの充実やドローンを利用した物資の運搬、健康支援などが期待されます。

一方の大都市では、エネルギーシステムの共有化、国際化に沿った多言語ナビゲーション、完全キャッシュレスの実現などが想定されます。さらに全体のインフラとして、AIを活用した防災システムの構築などが見込まれています。

用語解説

＊ICT　情報通信技術を活用したコミュニケーションのこと。Information and Communication Technologyの略称。ちなみに、ITは「情報技術」のことであり、コンピュータやインターネットなどの技術そのものを指す。

ニーズに応じて、大都市には大都市の、地方都市には地方都市の、それぞれのスマートシティが形成されていくと想像されます。

大切なのは、「スマートシティの構築について、取り組むべき課題は何か?」という認識です。

地域ごとに異なる課題をとらえ、官民を挙げて取り組むことが求められます。

そこに活用されるのはエレクトロニクスの技術です。

スマートシティのイメージ

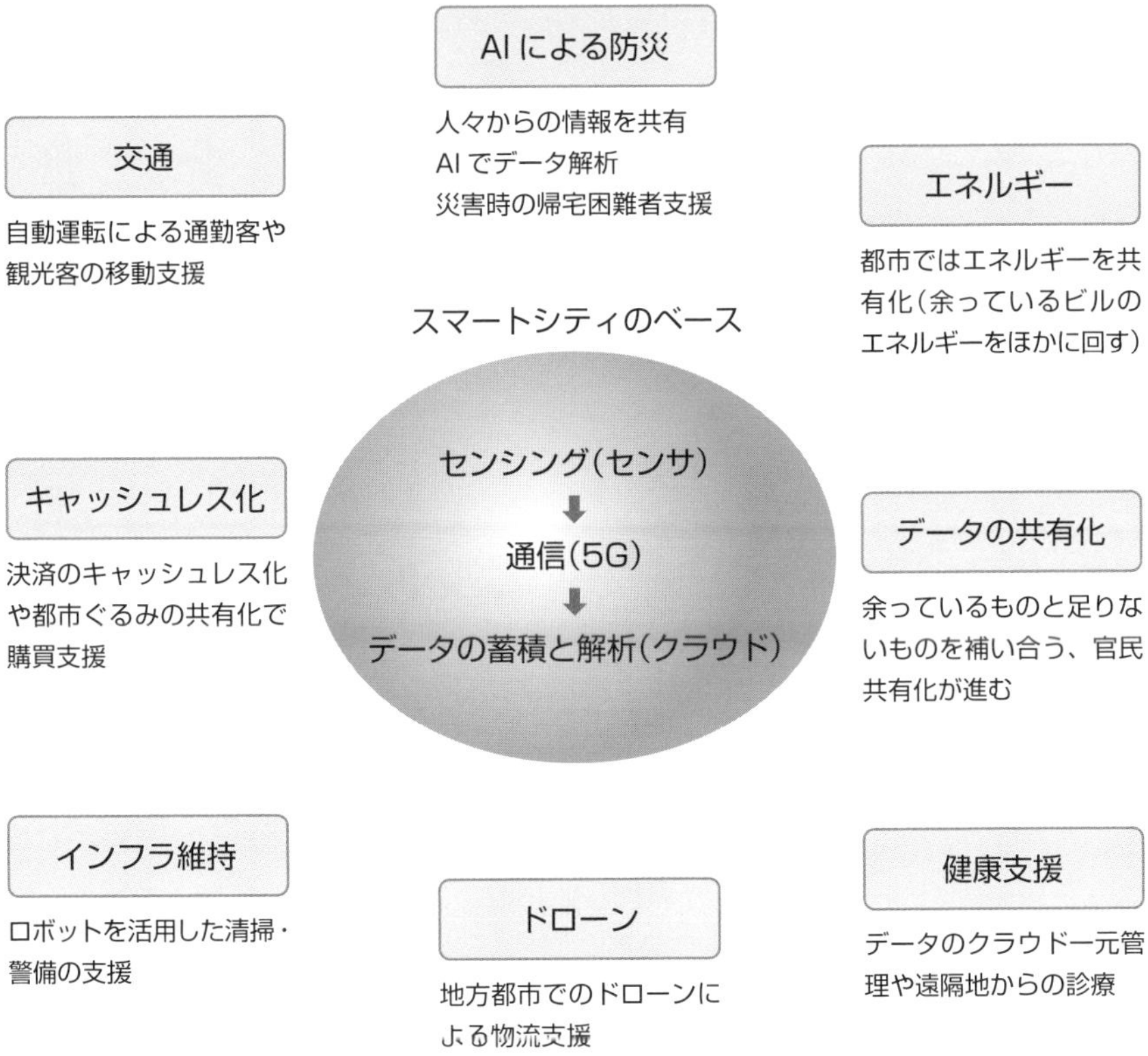
AIによる防災
人々からの情報を共有
AIでデータ解析
災害時の帰宅困難者支援
交通
自動運転による通勤客や観光客の移動支援
エネルギー
都市ではエネルギーを共有化（余っているビルのエネルギーをほかに回す）
スマートシティのベース
センシング（センサ）
通信（5G）
データの蓄積と解析（クラウド）
キャッシュレス化
決済のキャッシュレス化や都市ぐるみの共有化で購買支援
データの共有化
余っているものと足りないものを補い合う、官民共有化が進む
インフラ維持
ロボットを活用した清掃・警備の支援
ドローン
地方都市でのドローンによる物流支援
健康支援
データのクラウド一元管理や遠隔地からの診療

7 スマート衣料の定義と企業の動向

エレクトロニクス技術は、衣料の市場でも活用されると見られています。それがスマート衣料で、予防医学的な活用や、VR(仮想現実)での応用などが見込まれています。

スマート衣料の定義

エレクトロニクスの技術は衣料分野でも活用されています。前項の街づくりのインフラでのエレクトロニクス技術の活用は「スマートシティ」と呼ばれましたが、衣料においては「**スマート衣料**」といわれています。

定義としては、電気を通す繊維などを使用することで、心拍数、消費カロリーなどの生体情報を取得できる衣料のことをスマート衣料と呼んでおり、実用化が進んでいます。

実際の取り組みとしては、繊維メーカーがエレクトロニクス技術を取り込む形で製品化するケースがいまのところ目立っています。

企業の取り組み

例えば、以下の二つのような取り組みがあります。

①東レ

東レは、電気を通す高分子化合物である導電性高分子を、ナノファイバーニットに含浸させることで高い導電性を持つ機能素材を開発。これを生体電極用導電性機能素材「hitoe(ヒトエ)」として市場に投入しています。

hitoeを素材とする衣類では、心臓の電気的活動などの情報を精密に収集することが可能となっています。取得した生体信号を分析することで、効率的なスポーツトレーニングを行うことができるのです。

体調変化、緊張度合など普段意識しない情報を目に見える形で活用することができるため、予防医学の分野でも活用が期待されています。

スマート衣料から体の情報を取得することで、着ているだけで不整脈の一種である心房細動の発見につなげることも可能になります。一般的に心房細動が起きると血栓ができやすくなり、脳梗塞や心筋梗塞のリスクが高まるとされています。逆にいえば心房細動の段階で見つけることが予防になります。

②帝人

帝人はVR（仮想現実）の市場でのスマート衣料事業を進めています。

特殊なジャケット（スマート衣料）を身に着けることで、VRの映像との連動を図り、体に様々な振動やショックを与えることで、仮想空間での体験が実体験により近付くというものです。

ジャケットには導電繊維とともに、センサ、バッテリなどの給電機器を取り付け、通信機能を備えることも可能です。

スマート衣料のイメージ

● VRと連動

●ナノファイバーを活用

8 IoT社会の新しい暮らし

IoTは個人の生活に何をもたらすのでしょうか。数年後ではなく、もう少し先のことを想像してみます。近未来の生活もすべてエレクトロニクス技術によって支えられています。

近未来の日常

5Gのインフラ整備を背景としたエレクトロニクス技術の進展によって、家庭、仕事、社会などが大きく変わることをここまで見てきました。

スマートシティで都市構造が変わり、衣料もスマート衣料によって健康増進や医療での活用が進む可能性があります。このように、近未来の生活はIoT社会の実現で大きく変化していくでしょう。

何年後に何割が実現できているかはわかりませんが、これまで挙げてきた例はIoT社会の一つの形です。以下では、具体的な生活の変化のイメージを見ていきましょう。

近未来の朝

IoT社会では、朝起きたときから、総合的な健康チェックが可能になるでしょう。鏡の前に立つと、体重や体脂肪の測定などはもちろん、接触センサでの血流測定やちょっとした動作での血圧測定も可能となります。体重計に乗るという積極的な行動をとらなくても、鏡の前に立つだけで簡単な健康チェックができます。

トイレでは尿の検査も自動的に毎日行えるでしょう。検査結果は、あなた本人もチェックできますが、医療機関などに自動的に送信されて、変化があればその場であなたに連絡が行くでしょう。

問題点があるようなら、問診や病院への予約もその場でできます。医療データはすべてクラウドで管理され、カルテも共有されます。

近未来の仕事

仕事は基本的にすべて在宅勤務になっている可能性があります。正確にいえば、在宅でリモートワークを行うのではなく、仮想空間にオフィスがあるイメージです。VR用のメガネなどをかけると、そのままオフィス空間に入るような形です。

同僚や上司、部下とも仮想空間で打ち合わせをします。会議も仮想空間内の会議室で行われます。ランチタイムはVRメガネを外して自宅でとります。外出をして、外でとることも可能です。

工場で生産現場の確認をするというような場合も、ドローンの遠隔操作で工場の内部を隅々まで見ることが可能です。工場まで出かける必要はありません。

近未来のアフター5

アフター5という概念が残っているか疑問ですが、自宅で仕事をするばかりでなく、出かける機会はあるでしょう。

移動手段としては都市交通が整備されているので、混雑や渋滞もなく、目的地までスムーズに行けます。

友人と食事をする場合も、料理ごとに摂取するカロリーや栄養素などが表示され、カロリーオーバーの場合には警告が出てしまいます。

友人と談笑中にペットの様子が気になったらウェアラブル端末で確認できます。留守中にお掃除ロボットに家をきれいにしてもらっておきます。帰宅前には自動的に室温を設定しておくこともできます。

夜には睡眠そのものもコントロールすることが可能です。あなたに合わせた最も眠りに入りやすい環境を部屋とベッドが整え、あなたは心地よく一日を終えることができます。

エレクトロニクス技術の革新は、私たちの暮らしと価値観さえ変えていくでしょう。

9

次世代電池①

進む技術開発と市場

スマホ、パソコンなどエレクトロニクス製品および電気自動車（EV）の動力源はリチウムイオン二次電池が主力ですが、電池の高性能化が求められるなかで次世代電池の開発が進んでいます。

本格化する次世代電池市場

リチウムイオン電池は世界を変えたといっても過言ではありません。電気自動車（EV）、スマホ、ノートパソコンなどの動力源は、いまのところリチウムイオン電池が主力です。リチウムイオン電池市場は拡大しており、特にその材料市場では日本メーカーは世界的に強みを発揮しています。

しかしIoT化社会のなかでは、このリチウムイオン電池を超える製品が求められています。

リチウムイオン電池は世界を変えましたが、次の時代にはさらに高機能で安全な電池が求められています。容量もですが、安全性や寿命などの面でリチウムイオン電池は十分とはいえないからです。

リチウムイオン電池はすでに多くのエレクトロニクス製品に使用されています。安全性も急速に高まっていますが、発火事故などがゼロとはいえず、容量も社会が高度化すると不足します。

こうしたこともあり、高容量で高エネルギー密度の次世代電池の開発が急ピッチで進んでいます。

次世代電池の種類

次世代電池として開発が進められているものには、全固体電池、空気電池、ナトリウムイオン電池、多価イオン電池、その他次世代二次電池（硫黄系電池、有機系電池）などがあります。

すでに製品化されているものもありますが、いずれも実用化はこれからです。

次世代の二次電池の応用産業

種類		検討されている用途
全固体電池	全固体二次電池（薄膜型）	・IC カード（スマートカード）、IC タグ等 ・ワイヤレスセンサ（環境発電分野等） ・電気二重層キャパシタ代替 ・MEMS デバイス用内蔵電池
	全固体二次電池（バルク型）	・電気自動車、プラグインハイブリッド車 ・定置向け蓄電システム ・大型蓄電池 ・小型携帯機器 ・フォークリフト ・電動工具 ・ペースメーカー等の医療機器
空気電池	リチウム-空気電池 亜鉛-空気電池 ※メカニカルチャージ、第三電極を含む	・電気自動車、プラグインハイブリッド車 ・小型民生機器 ・スマートグリッド ・自動二輪車、電気自動車 ・ノートパソコン、携帯電話 ・バックアップ電源
ナトリウムイオン電池	ナトリウムイオン電池	・電気自動車、プラグインハイブリッド車 ・スマートグリッド ・工場、家庭向け蓄電池 ・電力貯蔵用途、大型電力貯蔵
多価イオン電池	マグネシウムイオン電池	・次世代自動車
その他次世代二次電池	硫黄系電池	・電気自動車、プラグインハイブリッド車 ・ポータブル電源
	有機系電池	・IC カード ・フレキシブル電子ペーパー ・ウェアラブルデバイス／ディスプレイ ・電気自動車

参考：特許庁

次世代電池②

10

全固体電池と注目される電池

リチウムイオン二次電池の次を担う次世代電池の主役と見られているのは、全固体電池のほか、空気電池、ナトリウムイオン電池などです。

次世代電池の市場規模

調査会社の富士経済によると、次世代電池の市場規模は、二〇二〇年にはまだ四二億円程度でした。しかし、二〇二五年にはこれが一〇倍の四四二億円、さらに二〇五五年には一気に二兆七〇〇〇億円市場にまで膨らむという見通しを示しています。

詳細な市場規模は予測できませんが、実際には二〇五五年のような遠い未来ではなく、もう少し早い時期に本格的に市場が拡大していると思われます。

全固体電池

数ある次世代電池の候補のなかでも、その主役になると見られているのが**全固体電池**です。全固体電池とは、陽極と陰極間のイオン伝導を固体の電解質が担う電池です。正確には、一次電池と二次電池の双方に全固体電池はありますが、ここではリチウムイオン二次電池の後継としての話なので、充電機能のある全固体二次電池を取り上げます。

第2章で見たとおり、リチウムイオン電池は正極、負極、セパレータ、電解液などで構成されています。電解質が液体（電解液）であるため、電解質の蒸発、分解、液漏れといった問題が避けられず、発火などの事故、トラブルにつながっています。

これに対して全固体電池は、電解質が固体のため安全性が高いというメリットがあります。電解質として不燃性の固体材料を使えば、発火・爆発する可能性はなくなり、固体材料で正極と負極の位置を隔てて固定すればショートする可能性もなくなります。安全性を確保できる点はとても大きなメリットです。

ほかにも、大容量・高出力などのメリットがあります。電極や固体電解質を薄くして数多く重ねることで、さらなる小型化や大容量化が可能になるのです。加えて、電解液を入れる容器が不要で形状の自由度が高い、という点も製品としての可能性を高めます。

空気電池

空気電池は、正極物質として空気中の酸素を使う電池です。負極には金属が使用されており、負極材料としては亜鉛を使用した電池が一般的でしたが、近年はアルミニウム、マグネシウム、リチウムなどを用いる形式もあります。

正極が空気中の酸素を取り込むため、電池容器内に正極活物質*を充填する必要がないという点が特徴です。このため、電池容器内の大部分の空間に負極活物質*を充填することができ、放電容量を大きくすることが可能というのが大きなメリットです。

半面、空気中から酸素を吸収してこれを水酸化物イオンに変換する必要があり、イオン化傾向の高い金属を利用する負極と比べてイオン化の進行速度が劣る、というデメリットもあります。

負極を亜鉛にしたものが補聴器用などとして実用化されていますが、大きなマーケットを獲得するためには正極の高性能化などの課題もあります。

ナトリウムイオン電池

ナトリウムイオン電池は、電解液と正極の間でナトリウムイオンが移動することによって充放電が行われるというものです。原理的には、リチウムイオン電池のリチウムイオンをナトリウムイオンに置き換えた形です。

リチウムイオン電池の需要が爆発的に広がるなか、リチウムは限られた資源であることから、リチウムの代替物としてナトリウムを用いることが考えられました。ナトリウムは豊富に存在する資源であることから、リチウムの代替物として活用されています。

しかしながら、電圧およびエネルギー密度が低いなどの欠点があり、高性能化に向けて課題が残っています。

用語解説

＊**正極活物質**　電池の活物質（電池において電気を貯める物質）で、正極で酸化剤として働くもの。

＊**負極活物質**　電池の活物質で、負極で還元剤として働くもの。

11 再生可能エネルギーの定義と活用

環境問題や枯渇への懸念などにより、石油など天然資源のエネルギーから再生可能エネルギーへの転換が求められています。

再生可能エネルギーとは

再生可能エネルギー(Renewable Energy)とは、石油、石炭、ガスなど天然の資源をそのまま使用するのではなく、自然界にあるものを活かしてエネルギーに変えることで利用するという考え方です。この再生可能エネルギーの活用においては、やはりエレクトロニクスの技術が不可欠となっています。

具体的に再生可能エネルギーとは何を指すのでしょうか。太陽光、風力、水力、地熱、太陽熱、大気中の熱、その他の自然界に存在する熱、バイオマス(動植物に由来する有機物)などがあります。

これら再生可能エネルギーは、石油など天然資源のエネルギーと違い、「枯渇しない」「どこにでも存在する」「二酸化炭素を排出しない(増加させない)」という大きな特徴があります。特に、二酸化炭素を排出しないという特徴は環境保全の点からも重要視されています。

太陽光エネルギー

再生可能エネルギーのなかでも代表的なものは**太陽光エネルギー**でしょう。

太陽光はそのままではエネルギーとして活用できません。集積してエネルギーに変換する必要があり、ここにエレクトロニクスの技術が活用されています。

太陽光を集めてエネルギーにする役割を担うのが太陽電池です。太陽光が太陽電池に当たると、光電効果と呼ばれる現象が起き、太陽電池を構成している半導体の電子が動き、電気が起きるという仕組みです。

太陽電池には、シリコン系、化合物系、有機系などの種類がありますが、主力はシリコン系です。

国内メーカーとしては、撤退したところもありますが、パナソニック、シャープ、京セラなどエレクトロニクスメーカーが太陽電池事業を手がけています。

なお、太陽電池は「電池」という名前になっていますが、電力を蓄える装置ではありません。電力を蓄える機能はなく、太陽の光エネルギーを電力に変換するだけです。

ＡＩも活用したエネルギーの効率利用

石油など天然資源はいずれ枯渇します。このため、太陽光や風力など再生可能エネルギーの活用拡大が求められる一方、エネルギー全体の有効活用も重要な課題となっています。

ＡＩ（人工知能）やＩｏＴ技術などを用いたエネルギーの全体的管理です。ＡＩで需要を予測して、再生可能エネルギーを含めた発電事業の全体を最適運転していくことが求められています。

デジタル技術を活用した電源の多様化・分散化・最適化

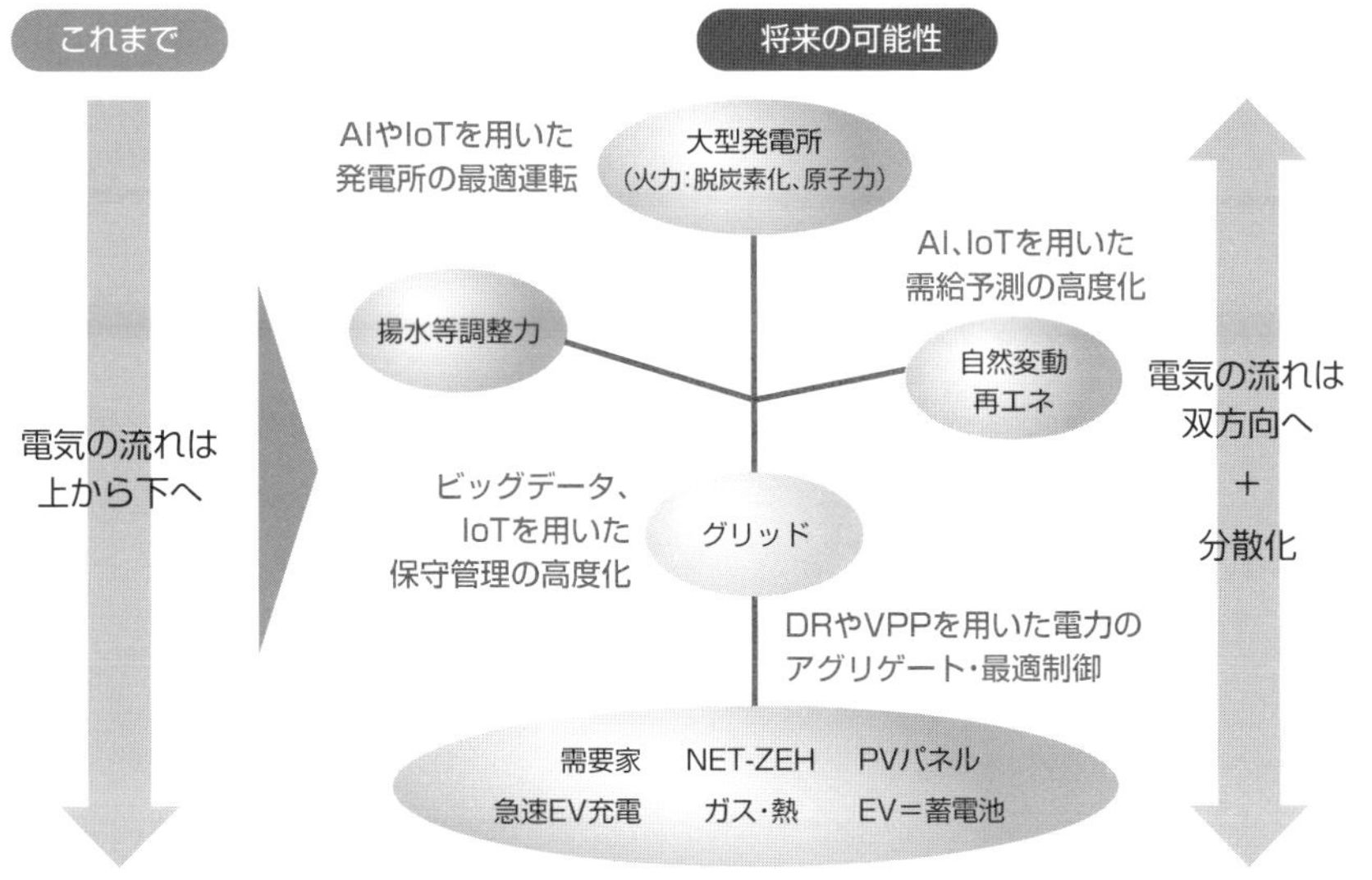

参考：経済産業省

12 蓄電システムの仕組みと活用

電力として活用が進む太陽電池、あるいはEV電池などから電力を蓄えようとするのが蓄電システムです。ここでは、蓄電システムの仕組みや活用法について見ていきます。

蓄電システム需要の拡大

前項で「太陽電池は『電池』という名前になっていますが、電力を蓄える装置ではありません」と説明しました。太陽電池は太陽光を集めてそのエネルギーを電力という形に変換するだけのものです。

太陽電池およびそれを集積した太陽光パネルで集めたエネルギーを電力として使うだけでなく、蓄えていこうとする場合には、太陽光発電用の蓄電システムというものが必要になってきます。

太陽光発電にさらに蓄電システムをつけて、電気を貯めるようにしようという動きになったのには、二つの大きな理由があります。

一つは災害による停電です。東日本大震災やたび重なる台風、豪雨などの被害により、災害時の停電リスクが認識され、「蓄電」という考え方が浸透しました。

さらに太陽光発電においては、売電を目的とする太陽光パネルの設置があまりにも増えたことなどから、買取制度が見直しになり*、売電価格が引き下げられたことも理由としてあります。売電メリットが小さくなったことがさらに蓄電需要を広げました。

太陽光蓄電システムの仕組み

太陽光発電は、太陽光パネルのほか、電気を集める接続ケース、**パワーコンディショナ**、**分電盤**などで構成されています。

パワーコンディショナは、太陽光発電システムを利用する際に、発電された電気を家庭などの環境で使用

用語解説

＊**買取制度の見直し**　2009年から、太陽光発電で作られた電気のうち、余ったものを電力会社が10年間固定価格で買い取る制度が始まった。2012年には対象を拡大した固定価格買取制度（FIT）が始まり、こちらに移行する形になったが、2017年に見直しが行われた。

できるように変換する機器です。

通常、太陽光パネルなどから流れる電気は直流ですが、これを国内の一般家庭で用いられている交流に変換する必要があります。これを行うのがパワーコンディショナです。また分電盤は、パワーコンディショナから送られてきた電気を自宅の配線に分けます。

これらはいずれもエレクトロニクス関連の機器で、なかでもパワーコンディショナはインバータの一種であり、エレクトロニクスモジュールメーカーが手がけています。太陽光発電の蓄電システムは、さらにここに蓄電池を加えるという形になります。

EV（電気自動車）からの蓄電

また、近年はEV（電気自動車）から電気をとるものもあり、これを蓄電していくという考え方も出ています。この蓄電システムにおいても、別途、蓄電池が必要になります。

太陽光や電気自動車による電力をうまく活用しながら、蓄電と売電を両立させて機能していくということがエネルギーの有効活用となります。

分散リソースを活用した新たな取引イメージ

太陽光発電を柔軟に取引可能とする	EVを蓄電池として柔軟に取引可能とする
・太陽光発電を設置している家庭において、パワーコンディショナによる計量値を用いた取引を可能に ・太陽光発電の電気を、自分が売りたい事業者に対して、様々な価格で販売できることが期待される	・EV充電設備を設置している家庭において、そのEV充電設備による計量値を用いた取引を可能に ・EVを蓄電池として、市場価格が高いときに電気を売り、安いときに電気を買うといったサービスの出現が期待される

参考：経済産業省「持続可能な電力システム構築小委員会中間とりまとめ」

13

蓄電池のタイプと種類

充電して使用するのが蓄電池で、使い切りの乾電池などと区別されます。つまりは二次電池ですが、エネルギーの有効活用という見地から、新たな需要が生まれています。

蓄電には蓄電池が必要

前項「蓄電システム」でも述べたように、太陽光発電システムにおいては、電力に変換することは可能でも、それを蓄電するためには新たに蓄電池が必要になります。

EV(電気自動車)の電力活用も同様です。USB端子やコンセントが標準装備されていて電気を使えるEVやハイブリットカーはありますが、それを蓄電しようとするためには、やはり蓄電池が不可欠です。

蓄電池のタイプ

蓄電池にはいくつかのタイプがあります。まず、太陽電池(太陽光発電)向けの蓄電池では、**単機能型**と**ハイブリッド型**の二つがあります。

単機能型蓄電池とは、蓄電専用のパワーコンディショナを持つタイプの蓄電池です。太陽電池システムにはもともとパワーコンディショナがあるため、太陽光用と蓄電用のそれぞれのパワーコンディショナを持つことになります。もともと太陽光発電システムを導入している家庭など向けです。

一方、ハイブリッド型蓄電池は、太陽光用と蓄電用のパワーコンディショナが一体となったものです。最初から蓄電機能を視野に入れた太陽光蓄電システムを導入する場合などでの利用が可能です。

ほかにも、これにEV(電気自動車)用のパワーコンディショナ機能などを加えた**トライブリッド型**蓄電池というタイプもあります。

また、こうした太陽光やEVからの活用とは別に、コンセントから直接電気を貯める形の**スタンドアローンタイプ**蓄電池もあります。スタンドアローンタイプ蓄電池は、持ち運びができるものも多く、災害時に被災地で活用できるため、需要が急速に高まっています。

蓄電池の種類

蓄電池の歴史はもともと古いものです。積極的に蓄電して、備蓄しておこうという近年のニーズが生まれる前から、移動して使用する電子機器や機械などの電源として使用されていました。

蓄電池として代表的なのは前述のとおりリチウムイオン電池で、パソコン、スマホなど多くのエレクトロニクス製品がリチウムイオン電池に電気を貯めて、この蓄電池から電源をとっています。

自動車も、電気自動車（EV）などはリチウムイオン電池やニッケル水素電池などから電源をとっています。

電気自動車ではないガソリン車においても、鉛蓄電池がバッテリとして使用されています。この鉛蓄電池が蓄電池の始まりです。

大規模電力設備などに使用されている日本ガイシのNAS電池、イオンの酸化還元反応を用いて充放電を行うレドックスフロー電池なども蓄電池の一種です。

主な蓄電池

電池の名前	特徴	主な用途
鉛蓄電池	二次電池のなかでも最も古い歴史を持ち、開発当初から現在まで様々な用途で利用	自動車のバッテリ、バッテリ駆動のフォークリフトやゴルフカートといった電動車用の主電源
ニッケル水素電池	正極にニッケル、負極に水素吸蔵合金、電解液に水酸化カリウムのアルカリ水溶液を用いた二次電池	リチウムイオン電池が登場するまでのモバイルバッテリとしては、ニッケル水素電池が使用されていた
リチウムイオン電池	エネルギー密度と充放電エネルギー効率が高く、残存容量や充電状態が表示しやすい	パソコン、スマホをはじめ幅広く電子機器に使われている。家庭用蓄電池でも主流
NAS 電池	鉛蓄電池よりも低価格・長寿命。日本ガイシのみが生産	大規模電力貯蔵施設、工場などのバックアップ用電源

14 ワイヤレス給電の定義と種類

コンセントを探しているうちに、ケーブルが絡むという経験は誰にでもあると思います。ワイヤレス給電はこの問題を解決します。

ワイヤレス給電とは

家庭でも、工場でも、いまのところ給電はコンセントにつないで行うのが主流です。これに対してワイヤレス給電とは、ケーブルやプラグがなくても電力を伝送できる仕組みのことを指します。

ワイヤレス給電は、スマートフォンや電気自動車の充電などですでに実用化が始まっており、ご存知の方も多いでしょう。iPhoneで利用可能になった「置くだけ充電器」などはこのワイヤレス給電の実用例で、これは**電磁誘導方式**という方式を用いています。

ワイヤレス給電の市場規模は、当面右肩上がりが続くことは間違いありません。

将来的には、スマホだけでなく、電気自動車を駐車場に置いただけで給電が可能となり、二四時間動かす必要がある医療機器の自動給電なども可能になっていると思われます。

電磁誘導方式

ワイヤレス給電には大きく分けて、電磁誘導方式、磁界共振方式、電界結合方式、マイクロ波伝送方式などのタイプがあります。このうち、現在の主流は電磁誘導の原理を用いて給電する電磁誘導方式です。

この方式は、二つのコイルを接近させて一方のコイルに電流を流すと、コイルを貫くように発生する磁束を媒介にしてもう一方のコイルにも電力が生まれる、という現象を活用します。

接近させる必要があるため、数センチ程度の近距離が必要になりますが、スマホのほかシェーバーや電動歯ブラシなどの充電でも活用されています。現在実用化されている製品の多くがこの電磁誘導方式です。

その他のワイヤレス給電方式

磁界共鳴方式は、同じ周波数で振動する二つのものを近付けて置くことで、一方を振動させると、もう一方も勝手に振動し始める「共振」という作用を活用します。この方式は電磁誘導よりも伝送可能距離が長く、自動車などへの給電方式として期待されています。

電界結合方式は、送電側と受電側の電極を対面させ、高い周波数で電気を流すと相手側電極にも電気が流れるというものです。電磁誘導方式と同程度の短い送電距離ですが、給電部の発熱が少ないという特徴があり、大電力化に適していると見られています。

マイクロ波を用いた伝送方式はまだ開発段階ですが、ほかの方式よりも長距離の電力伝送ができる技術として注目されています。数キロ先まで飛ばすことも可能で、インフラでの活用が期待されています。

ワイヤレス給電の主要な伝送方式

方式	特徴	用途
電磁誘導方式	正確に位置を合わせる必要があるが、高い効率で送電できる	スマホや家電など多くの製品で実用化段階
磁界共振方式	電磁誘導よりも送電距離を長くすることができる（数メートル程度）	自動車や交通システムで、特定の場所での給電に有効
電界結合方式	送電距離は数ミリ程度と短いが、大電力の送電が可能	大きな電力が必要な場合
マイクロ波伝送方式	数キロ以上の長距離伝送が可能だが、変換効率が課題	インフラ整備での活用に期待。家電などにも

15 次世代半導体材料の定義と特徴

半導体に対する高精度化ニーズが高まるにつれて、技術的な革新だけでなく、材料そのものに対しても特性の改善が求められるようになってきました。

化合物半導体

現在の半導体材料は**シリコン**が主流です。半導体の高精度化が進むなかで、半導体材料に対しても、高精度化に耐える材質が求められるようになっています。しかし、シリコンにさらなる大幅な特性改善を望むことは限界に近付いています。

シリコンに代わって次世代を担う材料として注目されているのが、**SiC**（シリコンカーバイド、炭化ケイ素）や**GaN**（ガリウムナイトライド、窒化ガリウム）などの材料で、すでに実用化も始まっています。

シリコンは単体の物質であるのに対し、炭化ケイ素は炭素とケイ素の化合物、窒化ガリウムはガリウムと窒素の化合物であるため、**化合物半導体**と呼ばれることもあります。

化合物半導体の特徴

化合物半導体には、破壊電界強度が大きいという特徴があります。破壊電界強度が大きいということは、耐性が大きいということです。つまり、シリコンと同じ耐圧を実現しようとしたときに、耐圧層を大幅に薄くすることができるという利点があります。

これを素材そのものの性能指数という数値で示すと、シリコンに対して、炭化ケイ素は四四〇倍、窒化ガリウムは一一三〇倍という高性能となっています。

シリコン半導体からこれらの化合物半導体へ置き換えることで、電子機器のさらなる小型化や高効率化を実現できるということになります。

炭化ケイ素(SiC)

炭化ケイ素は、炭素(C)とケイ素(Si)を組み合わせた化合物で、ケイ素(シリコン)だけのものに対して、半分が炭素と結合している形です。

炭素とケイ素の結び付きが強固なので、単結晶のシリコンよりも安定した結晶構造となっています。このため、破壊電界強度が高くなっているのです。

大電流・高耐圧領域から普及が進んでおり、パワーコンディショナ、電気自動車(EV)などでの利用が広がっています。

窒化ガリウム(GaN)

窒化ガリウムは、ガリウムの窒化物です。青色発光ダイオード(青色LED)の材料として用いられる半導体としても知られています。

炭化ケイ素よりもさらに安定した結合構造を持ち、強度も強くなっていますが、現状ではシリコン基板上に窒化ガリウムの活性層を形成する構造が一般的で、本来の耐圧は実現できていません。

次世代半導体材料の特性と期待される用途

	SiC（炭化ケイ素）	GaN（窒化ガリウム）
構造	炭素とシリコンの化合物	ガリウムの窒化物
特徴	炭素とシリコンが強固に結合しているため、シリコンよりも構造的に安定している	SiC（炭化ケイ素）よりもさらに安定した構造となっている
長所	絶縁破壊強度が高く、活性層を非常に薄くすることができる。シリコンデバイスよりも高耐圧	絶縁破壊強度がさらに高く、スイッチングの速度が速く、熱伝導率も高い
期待される用途	パワーコンディショナ、住宅のエネルギー管理システム（HEMS）、電気自動車（EV）	5Gなど次世代通信の基地局電源、スマホやパソコンの急速充電器、LEDなどの材料

16 カーボンナノチューブの特性と活用

夢の素材といわれるカーボンナノチューブは、いずれ誰もが知る素材になるでしょう。多くの分野の製品に展開可能ですが、エレクトロニクス市場でも活用が見込まれます。

ノーベル賞の有力候補

「カーボンナノチューブ」と聞いても、何となく聞いたことがある程度という読者の方が多いかもしれませんが、何年か先には誰でも知っている存在になっている可能性があります。

カーボンナノチューブは日本人の飯島澄男氏がその構造を解明しており、二〇二〇年の段階ではまだ実現していませんが、遠からずノーベル賞を受賞すると見られています。ノーベル賞を受賞すれば改めて脚光を浴びるでしょう。

カーボンナノチューブは夢の素材といわれます。まだ活用方法が手探りの状況ですが、いくつかの優れた特性があり、エレクトロニクス市場でもその活用により変化がありそうです。

カーボンナノチューブの特性

カーボンナノチューブは、炭素原子同士が蜂の巣状に結合し、筒状(チューブ状)の構造となっています。直径は数ナノメートル(ナノは一〇億分の一)で、複数層となっているものを多層カーボンナノチューブ、単層のものを単層カーボンナノチューブと呼びます。

単層カーボンナノチューブを例にとると、軽量でありながら強度は鋼の二〇倍で、さらに柔軟性にも優れており、柔軟度も鋼の五倍あります。また大きな電気容量があるのも特徴で、銅と比べると、熱伝導率は五～一〇倍、電流容量はおよそ一〇〇倍あります。夢の素材といわれる理由はこれらの特性にあります。

その特徴を活かして、すでに実用化も始まっています。ポリマーやセラミック、金属、セメントの混合物への追加によって、軽量化をしながら強度が増すというものです。

エレクトロニクス市場での用途

カーボンナノチューブは既存の素材に融合することで軽量化と強度向上を同時に実現できるため、多くの分野での活用が可能です。自動車や電気製品の材料としてはもちろんですが、デバイス材料としても活用が見込まれています。

シリコンに代わる半導体材料として期待されているほか、燃料電池材料としても注目されています。またリチウムイオン電池用途では正極・負極の導電助剤としても実用化されています。結晶が集結してネットワーク化されると抵抗が発生することから、通電により発熱が可能で、発熱材としての用途もあります。

航空や宇宙の世界でも研究が進んでおり、技術融合により新しい価値観が生まれる可能性もあります。

カーボンナノチューブのエレクトロニクス市場での用途

分野	製品	中身
電子デバイス	半導体、キャパシタ、燃料電池、二次電池、交換器、太陽光発電パネル、センサ	電子デバイスの素材として現在のものに代わる可能性
電子機器	パソコン、スマホ、OA 機器、プリンタなどの事務機器	導電膜、ゴムローラ、高温度帯域の粘弾性体など
家電	テレビ、電熱器	テレビでは透明導電膜、発熱する特性を活かして電熱器など
精密機器	電子顕微鏡	走査プローブ顕微鏡などナノテクノロジー分野での活用
金属	自動車、航空機	ボディの補強材料として、金属などに加えられる
インフラ	発電所、建築物	風力発電のブレード材料。建築物では強度や耐熱性の強化材として

17 量子コンピュータの活用とこれから

量子コンピュータは、スーパーコンピュータを遥かに超える能力を持つといわれています。二〇一九年にグーグルが実験結果を公表し、急に実用化が現実味を帯びてきました。

グーグルが示した量子コンピュータの可能性

量子コンピュータはまだ開発段階です。量子コンピュータが実用化したら何ができるかというと、特性の調査などの計算能力が飛躍的に高まることから、各種開発での活用が見込まれています。

エレクトロニクスデバイスの開発においては、化学実験の代わりに高速のシミュレーションを行うことで、開発期間の大幅な短縮などが見込まれます。

量子コンピュータは、これまで「夢の技術」といわれていました。しかし、この認識が大きく変わったのが二〇一九年のグーグルによる実証実験です。グーグルは、最先端のスーパーコンピュータでおよそ一万年かかるといわれた問題を、開発中の量子コンピュータを使って、三分二〇秒で解いたと発表したのです。

グーグルの量子コンピュータは、まだ特定の問題にしか対応できず、実用化にはほど遠い段階ですが、ともかく量子コンピュータの可能性は示しました。

日本のスーパーコンピュータ「**富岳**(ふがく)」の性能が話題になることも多いですが、量子コンピュータが実用化されれば次元の違う解析が可能になります。

量子コンピュータとは

量子コンピュータは「量子力学」といわれる理論を活用します。現在のコンピュータは、原理としては、「〇か一か」という二種類の状態をとるいわゆる**ビット**によって情報を扱うのに対して、量子コンピュータは**量**

子ビット（キュービット）という、〇と一が同時に存在する状態によって、情報を扱います。

この量子ビットを複数利用することで、量子コンピュータは現行のコンピュータでは実現できないレベルの計算能力を実現するのです。

簡単にいうと、現在のコンピュータでは例えば「〇」から「九九九九」までの間の一つの数値を探す場合に、一万回この数値が正しいかどうかを高速で試すのですが、量子コンピュータにおいては、瞬時に正しい数値にたどりつけます。

量子コンピュータ

量子コンピュータについては、大学や研究機関、大手メーカーなどが開発を行っており、海外でも前出のグーグルをはじめ、マイクロソフト、ＩＢＭ、中国アリババなどが開発を加速させています。

国内でもパナソニック、京セラ、富士フイルム、ＪＸ金属、村田製作所、東レ、住友化学など各社が連携して実用化を目指す事業に取り組んでいます。

量子コンピュータの歴史とこれからの予測

1980 年代	1980 年にポール・ベニオフが量子系においてエネルギーを消費せず計算が行えることを示した。82 年にはさらにファインマンも量子計算が古典計算に対し指数関数的に有効ではないかと推測。これを量子コンピュータの概念の始まりとしているものもある。さらに 85 年にはドイッチュによって「量子計算模型」といえる量子チューリングマシンが定義された
1990 年代	量子コンピュータが既存のコンピュータよりも速く解ける問題でのアルゴリズムが考案される
2011 年	カナダの企業 D-Wave Systems が量子コンピュータ「D-Wave One」の開発に成功したと発表
2019 年	グーグルが実証実験においてスーパーコンピュータを上回る計算性能があることを示す

以下予測

2022 年ごろ	産業応用で具体的な実証実験へ
2040 年ごろ	本格的な実用化へ

column

SDGs

SDGsが社会のキーワードになってきています。いうまでもなく、SDGsは国連が提唱した、貧困や気候変動など地球社会の課題解決を目指す目標です。

SDGsとは「Sustainable Development Goals」の略で、エス・ディー・ジー・エスという言い方は正しくありません。GsはGoals（ゴールズ）の略なので、正しくはエス・ディー・ジーズです。日本語訳で「持続可能な開発目標」といわれることもありますが、こちらは少しわかりにくい気もします。

企業におけるSDGsというと、社会貢献を念頭に事業に取り組むというイメージがあります。それはそのとおりなのですが、基本理念としては「将来世代のニーズを損なわずに、現世代のニーズを充足する」というものがあります。むしろこの考え方のほうがキーワードになってくるでしょう。

企業はもともと利潤を追求するのが主目的であり、消費者に求められる製品やサービスを提供して、いかに利益を上げるかということが求められます。しかし、SDGsの考え方のもとでは利益追求だけでなく「将来世代のニーズを損なわない」というファクターが求められるということです。「もうかればいい」というだけの理屈はもう通用しません。企業が利益を追求するのは当然ですが、そのうえで将来も意識しようということです。

国連は「経済成長、社会的包摂、環境保護という３つの要素を調和させることが不可欠」という言い方をしています。

企業や社会だけでなく、これは個人も同じです。「いまが良ければ、それで良い」というのは一面の真理ですが、いまの行為が将来の自分自身のニーズを損なうものだとしたら、後悔につながりかねません。

SDGsの理念からいうと狭小な解釈かもしれませんが、重要な１つの要素です。10年後や20年後のことも考えながら、いまの時間を有意義に過ごすことが大切です。

第6章

海外メーカーの動向と業界の課題

エレクトロニクス市場においては、中国をはじめとする海外メーカーの存在感が増しています。一方、国内においては、海外への生産移管やニューノーマルへの対応など様々な課題が生じています。本章では海外メーカーの動向を見たうえで、国内における業界の課題を取り上げます。

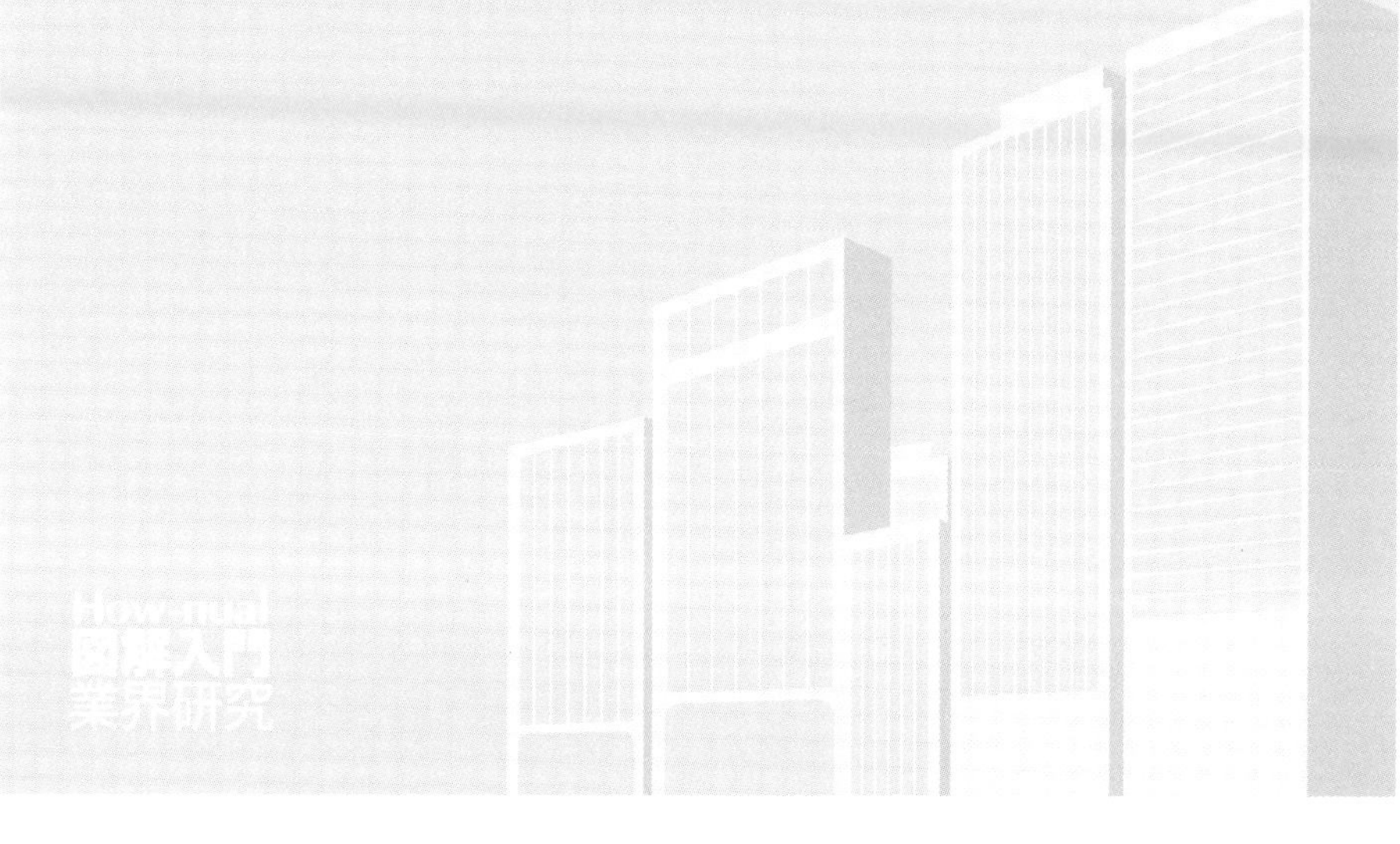

中国系エレクトロニクス企業①

1 日本企業を買収したメーカー

中国系企業はいまや世界市場を席捲《せっけん》しています。エレクトロニクス業界の中国系企業のなかで、日本企業を買収した会社を取り上げます。

国内事業を買収した中国系企業

本書では、これまでにも国内エレクトロニクスメーカーの側から、事業再編のなかでの海外企業への事業売却事例を何回か取り上げてきました。

国内大手の再編は一般ニュースでも取り上げられることが多く、その都度「(買収したのは)また中国企業か」という思いを持つことも少なくなかったかと思います。実際に中国あるいは中国系企業の買収は多く、中国の勢いを感じます。

エレクトロニクス製品を手がける大手の事業売却(中国系企業の買収)を例にとっても、東芝の白物家電は美的集団が、薄型テレビなど映像事業は海信集団がそれぞれ買収しています。三洋電機の家電事業を買収したのも海爾集団(ハイアール)です。

これらはいずれも中国企業です。背景には国内メーカーの経営悪化という側面があるのは確かですが、チャイナマネーの強さの証明でもあります。

中国というよりは台湾企業ですが、シャープを買収したのも台湾の大手、鴻海(ホンハイ)精密工業でした。シャープの場合は事業の売却でなく、会社ごと鴻海の傘下に入っています。日本の上場大手が台湾企業に丸ごと身売りした形です。

鴻海精密工業

鴻海精密工業は台湾企業で世界的大手です。正確には、鴻海精密工業は鴻海科技集団(フォックスコン・テクノロジー・グループ)の中核会社という位置付けとなっています。

フォックスコングループとしての売上は、二〇一九年度（一二月決算）は五兆三三九五台湾元（約一九兆二三〇〇億円）となっており、巨大企業です。

創業者の郭台銘（かくたいめい、英語名テリー・ゴウ）は世界で最も知られている実業家の一人といってもいいでしょう。

鴻海は、スマホや薄型テレビなどエレクトロニクス製品を受託生産するEMS企業の世界的大手で、米国アップルのiPhoneなどを受託生産しています。

鴻海の名はアップルの受託生産で日本でも知られていましたが、国内ではやはりシャープの買収で知名度が一気に上がったといっていいでしょう。

経営が悪化していたシャープに対しては、国益を守るという考え方もあり、国内官民ファンドの**産業革新機構**などもシャープの買収に乗り出していました。しかし、産業革新機構に競り勝つ形で、二〇一六年に鴻海がシャープを買収しました。

鴻海によるシャープの買収は「史上初めて、日本の電機大手が外資の傘下に入った」といわれ、大きなニュースになりました。

海爾集団

海爾集団（ハイアール）は中国山東省青島に本社を置くメーカーです。「ハイアール」ブランドで、白物家電、テレビ、エアコン、パソコンなどを幅広く手がけています。

創業は一九八四年で、やはり日本国内でその名が知られたのは三洋電機からの事業買収でしょう。

三洋電機と海爾集団はもともと提携関係があり、その関係をベースに、二〇一一年に海爾集団は三洋電機の家電事業を買収しました。

日本国内では自身の「ハイアール」ブランドでも製品を投入していますが、冷蔵庫や洗濯機などで三洋電機から継承したものについては、現在でも三洋が使っていた「AQUA（アクア）」ブランドを残しています。

海爾集団は、三洋電機のほかにも二〇一六年には米国GE（ゼネラル・エレクトリック）の創業時からの基幹事業だった家電部門を買収しています。

中国系エレクトロニクス企業②

2 東芝の買収と現在

経営が悪化した東芝は、白物家電事業と薄型テレビなどの映像機器事業を切り離しました。この二つの事業をそれぞれ買収したのも中国企業です。

美的集団

美的集団は中国の大手家電メーカーです。「びてきしゅうだん」と呼ばれることが多いのですが、ブランドから「Ｍｉｄｅａ（ミディア）」ともいわれています。

美的集団本体はグローバルな呼称としては「マイディア」という言い方を使っています。このためブランドは「ミディア」、社名は「マイディアグループ」という言い方がいまのところでは混在しています。

「Ｍｉｄｅａ」は「マイ・アイディア」からの造語とされており、「マイディア」という言い方のほうが語源には近いのかもしれません。

一九六八年創業で、もともとはプラスチック製品を製造していましたが、いまでは従業員一五万人を抱え、エアコン、電子レンジ、白物家電などを幅広く手がけます。

東芝が経営の立て直しのために売りに出した白物家電事業を買収したのは二〇一六年です。具体的にいうと、東芝は家電事業の子会社、東芝ライフスタイルの株式の大半（ほぼ八割）を美的集団に売却しました。

この株式譲渡により、美的集団が東芝ライフスタイルを子会社化して現在でも運営しています。

東芝ライフスタイルは現在もその社名のまま残っており、国内外に事業子会社も抱えます。ブランドも「東芝」を残しているので、知らない人が見ると「東芝製の洗濯機や冷蔵庫はいまでも残っている」と思うかもしれません。しかし、正確には中国美的集団が「東芝」の名前を残して事業を継承している状態です。

ちなみに東芝ライフスタイルは、美的集団傘下に入ったあとも赤字経営が続いていますが、二〇一九年度はようやく少し改善して黒字化が見えています。

海信集団

東芝は経営立て直しのなかで、白物家電だけでなく、薄型テレビなど映像事業も売却しており、これを二〇一七年に買収したのは、やはり中国の海信集団（ハイセンス）です。

東芝の映像事業子会社は、東芝映像ソリューションとして運営されており、東芝は事業売却に先立って映像事業をいったんすべて同社に集約、そのうえで東芝映像ソリューション株式の九五％を海信集団に売却しました。東芝の薄型テレビは「レグザ（ＲＥＧＺＡ）」ブランドで知られており、海信集団はこのブランドを現在でも継承しています。ただし、海信集団は自身の「ハイセンス」ブランドでも薄型テレビを投入しており、日本国内でも両方見かける状況となっています。細かくいうと、「ハイセンス」ブランドの薄型テレビも一部の中身は「レグザ」そのものということもあるので、ブランドの知名度を残しながら技術を取り込んでいる形です。

海信集団は山東省青島に本社を構えており、創業は一九六九年。当初はトランジスタラジオを生産していました。その後テレビの生産を開始しましたが、当初は松下電器産業（パナソニック）から技術供与を受けるなど日本メーカーともつながりがありました。現在は日立製作所とも空調事業で提携関係があります。

海信集団の企業ロゴ

Hisense

日本企業とつながりが深いハイセンス

提供：ハイセンスジャパン株式会社

ワンポイントコラム　3章でも取り上げていますが、ほかにもエレクトロニクス業界での中国系企業による日本企業の買収例としては、ベアリング・プライベート・エクイティ・アジアによるパイオニアの買収や、蘇寧易購によるラオックスの買収などがあります。

3

海外半導体大手の動向

半導体のメーカーとしては米国・韓国勢がシェア上位を占めています。不動のトップであるインテルを韓国勢が追う図式で、ほかに受託生産専業の台湾TSMCも大手です。

半導体は米国・韓国勢がシェア上位

第2章の半導体の項でも触れましたが、かつては日本企業が上位を占めていた半導体市場も近年は米国、韓国、台湾メーカーなどが上位を占めています。

二〇一九年は米国インテルが首位で、韓国のサムスン電子とSKハイニックスがこれに次ぎ、二〇二〇年もやはり同様の勢力図です。**ファウンドリー**と呼ばれる受託生産を専門に行うメーカーまで入れると、ここに台湾のTSMCが入ってきます。

米国インテル

誰もが知る半導体最大手で、ほぼこの二〇年間、半導体で世界シェアトップの座を譲り渡していません。

なかでもパソコンの中核デバイスであるCPUにおいては、インテルは世界のシェアのおよそ八割を占めています。世界市場を独占している状態です。

CPU*メーカーとしては、ほかにもAMDがありますが、AMDも米国メーカーです。このためCPUでは米国勢が圧倒的な強さを持っています。

余談ですが、パソコンの「インテル入ってる」というテレビCMは有名で、「Intel Inside」の英文ロゴもあり世界中で使われていますが、あのキャッチコピーそのものは日本発といわれています。

韓国サムスン電子

半導体市場で米国インテルを追う韓国サムスン電子は、半導体だけでなく電子デバイス、家電、エレクトロ

用語解説
＊CPU　Central Processing Unitの略称。

ニクス製品などを幅広く手がける総合メーカーです。

韓国最大の企業で、サムスン電子だけでも一〇万人、サムスングループの主要企業だけでも二〇万人以上の従業員を抱えています。

国民総生産（GDP）に占める比率はサムスングループだけで韓国全体の二割を占めるといわれています。

半導体については、CPUでインテルが圧倒的に強いため、半導体全体でのシェアはインテルに負けていますが、DRAMとNAND型フラッシュメモリに限定すると世界シェアトップです。

半導体のほかでも、スマホや薄型テレビなどでは世界シェアトップの存在です。

韓国SKハイニックス

SKハイニックスは、韓国半導体大手です。サムスン電子と違って半導体の専業メーカーで、半導体では韓国内でサムスン電子に次ぐメーカーという位置付けとなっており、半導体の製造では韓国二位です。世界市場で見ても、二〇一九年の段階ではインテル、サムスン電子に次ぎ三位です。

サムスン電子と同様に、DRAMとNAND型フラッシュメモリなどを手がけていますが、DRAMが圧倒的主力です。

台湾TSMC

社名の正式な英語表記は「Taiwan Semiconductor Manufacturing Company, Ltd.」で、中国語の社名は台湾積体電路製造股份有限公司ですが、ほぼTSMCで通っています。

台湾の新竹市にある新竹サイエンスパークに本拠を置き、半導体を受託生産する半導体ファウンドリーという形を生み出した先駆者です。

半導体ファウンドリーとしてはいまでも世界最大手で、自身の製品を製造するメーカーとは一線を画しています。このため、売上規模はあってもシェアには入れないという考え方もありますが、経営規模でいうと世界のトップ3に入ってきます。

自身のブランドを持たずにユーザーの製品を受託生産するという形に徹するのは独自の経営哲学といえます。

4 海外生産移管と海外販売

内閣府の調査によると、上場会社のうちのおよそ七割は海外に生産拠点を持つといわれています。エレクトロニクス業界は特に海外への生産移管が盛んです。

海外生産のメリット

企業にとって、あるいは企業で働く人間にとって、海外への生産移管は避けられない課題です。

企業が海外に生産をシフトする理由は様々です。日本国内に比べて生産コストが安く済むというのが生産移管理由になるケースが多いのですが、現地の需要を取り込むために生産を移管するという場合もあります。

これは**地産地商**という言い方をしますが、輸送コストや関税の問題もありますし、貿易上の障害を取り除く目的もあります。

特にエレクトロニクス業界あるいは自動車業界は、日本の数多い産業のなかでも海外生産シフトが著しい業界の一つといえます。

海外生産比率

内閣府の集計によると、上場の製造業のなかで海外に生産拠点を持つ企業は七割近くあります。

中堅・中小規模のメーカーとなると、このウエイトは低くなり、一割程度としているのですが、上場クラスの大手に限っていえば、大半の上場メーカーは、何らかの形で海外生産移管を果たしているということになります。

上場企業の海外拠点での生産比率についても、全体売り上げの二割を超えてきています。

内閣府の海外生産比率の調査対象は、一部上場および二部上場企業ですが、取引先の大手が海外に生産を移すと下請けの中小メーカーも移さざるを得ない部分もあり、国内から一定の割合で生産移管が起きてしまうという構図はやはり避けられません。

海外に生産拠点を持つ企業の区分では、繊維業界やパルプ・紙など素材型の製造業が最も多いとされています。労働コストが海外生産のメリットとして大きいため、労働集約型製造業の企業進出が多くなります。

機械、電気機器、精密機器、輸送機器などエレクトロニクス業界に属する業種は加工型製造業ですが、加工型企業も素材型に次いで海外進出が盛んです。

海外での販売

コストメリットだけではありません。企業においては、海外で新たな商圏をとりにいくことも求められます。

日本国内ではすでに売れなくなったものも、海外では販売が期待できるという製品は少なくありません。家電や自動車の新興国需要などは代表的な例です。

働く側の個人にとっては、生産と販売の双方でこれからも海外を強く意識する必要があるでしょう。

海外に生産拠点を置く「主な理由」と「その他該当理由」上位5位(製造業)

（単位：%）

上場企業（製造業）	
現地・進出先近隣国の需要が旺盛または今後の拡大が見込まれる	70.7 (69.8)
現地の顧客ニーズに応じた対応が可能	47.0 (42.2)
労働力コストが低い	43.0 (43.1)
資材・原材料、製造工程全体、物流、土地・建物等のコストが低い	37.2 (33.1)
親会社、取引先等の進出に伴って進出	22.2 (24.0)

中堅・中小企業（製造業）	
労働力コストが低い	61.0
現地・進出先近隣国の需要が旺盛または今後の拡大が見込まれる	49.1
現地の顧客ニーズに応じた対応が可能	35.8
親会社、取引先等の進出に伴って進出	34.4
資材・原材料、製造工程全体、物流、土地・建物等のコストが低い	27.1

※「主な理由」および「その他該当理由」の構成比の母数は、回答企業数としている。回答企業は、「主な理由」を1つ選択でき、「その他該当理由」を2つまで選択できる。
（　）は前年度調査結果

5

注目を集めるＤＸ

アフターコロナのニューノーマル①

ウィズコロナの時代では、Ｗｅｂカメラ、非接触の無線技術、センサ技術といったエレクトロニクスの様々な技術が活用されます。企業とビジネスマンにはＤＸという概念が求められます。

ウィズコロナのエレクトロニクス業界

アフターコロナあるいはウィズコロナのなかで社会は大きく変わろうとしています。その多くの部分がエレクトロニクス業界と密接な関わりを持ちます。

具体例をいくつか挙げると、感染予防で在宅勤務が急に始まりました。リモートワークに欠かせないものとして、これまで一部のＷｅｂカメラや会議システムソフトなどしか使われていなかったＷｅｂカメラや会議システムソフトなどが急速に普及しました。

接触感染を避けるために非接触の各種システムの開発も進んでおり、これらには無線技術が活用されています。また、顔認証システムや自動検温システムなどセンサ技術の活用も広がっています。

新型コロナウイルスの感染拡大によりビジネスで大きな後退を余儀なくされた部分もありますが、エレクトロニクス業界では新しいニーズによって技術展開が広がっている部分もあります。

ＤＸ

コロナ禍によって、ＤＸが急に注目されるようになりました。ＤＸとは「Digital Transformation（デジタルトランスフォーメーション）」の略で、直訳するとデジタル変容ですが、要はデジタル技術によって人々の暮らしを変えていくという概念のことです。もともとは二〇〇四年にスウェーデンで提唱されたといわれており、コロナ禍よりはるか前からあった考え方です。

日本でも、経済産業省が二〇一八年一二月に「デジタルトランスフォーメーションを推進するためのガイドライン（DX推進ガイドライン）」を提唱しています。

なかなか浸透しませんでしたが、新型コロナウイルスの感染拡大で一気に注目が集まりました。感染拡大予防からリモートワークなどが進み、DX推進の必要性が自然と認識されるようになりました。

経済産業省はこのガイドラインを通じて〝想定されるディスラプション（「非連続的（破壊的）イノベーション」）を念頭に、データとデジタル技術の活用によって、どの事業分野でどのような新たな価値（新ビジネス創出、即時性、コスト削減等）を生み出すことを目指すか、そのために、どのようなビジネスモデルを構築すべきかについての経営戦略やビジョンが提示できているか〟が重要であるとしています。

データの活用、無人化、AI（人工知能）の導入など、DX推進はコロナ対策と共通するところが少なくありません。迅速に、計画的に進めることが求められています。

DX推進ガイドラインの構成

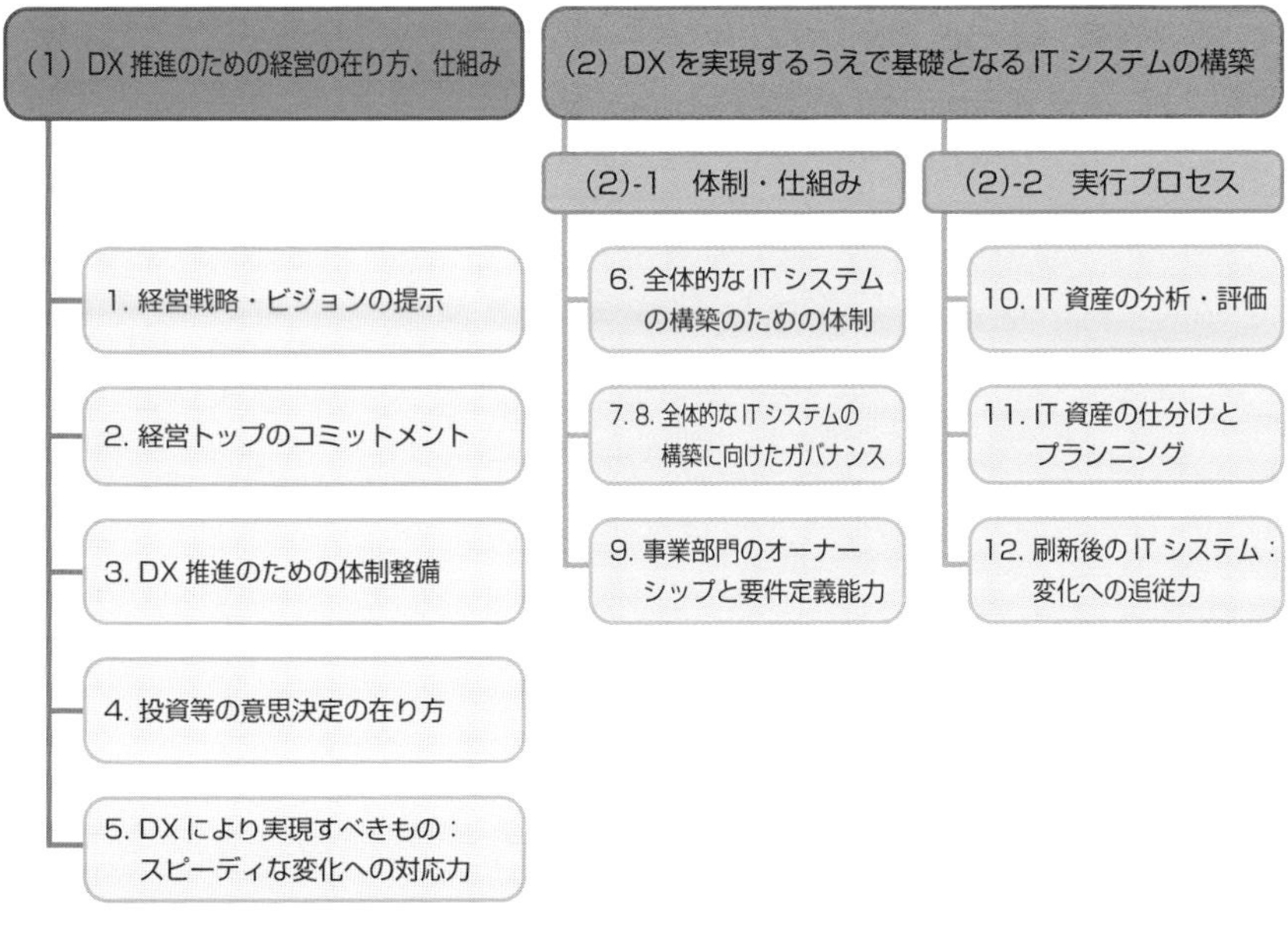

参考：経済産業省

6 変わる暮らしとビジネスへの展望

アフターコロナのニューノーマル②

新型コロナウイルスの感染拡大は人々の暮らしに大きな変化をもたらしました。アフターコロナではビジネスの世界でも変化が見込まれます。

新型コロナウイルス

新型コロナウイルスは、あっという間に世界中に感染が拡大して、人々の暮らしを、そしてビジネスの在り方を大きく変えました。

新型コロナウイルスは、人々の暮らしや価値観も変えました。ビジネスの在り方にも変化をもたらし、同時にエレクトロニクス技術も導入が飛躍的に進むきっかけになりました。

本書の最後に、新型コロナウイルスの感染拡大から学ぶべきこと、あるいはコロナ禍収束後の世界について、考えてみたいと思います。

また、アフターコロナあるいはウィズコロナのなかでのライフスタイルや働き方について、エレクトロニクス業界という観点から触れてみます。

リスクを正しく認識する

新型コロナウイルスの感染拡大がまだ世界中に広がる前、すなわち中国だけで深刻化していた三月の段階で、アメリカのトランプ大統領（当時）は「毎年インフルエンザで数万人が死亡している。それでも都市封鎖もせずに生活も経済も回っている」という趣旨の発言を繰り返し、この事態をかなり軽視していました。

しかし、その後アメリカは世界で最も新型コロナウイルスの被害を受けた国になりました。無論、大統領が軽視したことだけが原因ではないでしょう。しかし結果論ですが、認識が甘かったといわざるを得ません。

コロナ禍だけでなく、ビジネスの世界では想定外の出来事が必ず起こりますが、これは避けられないことです。大切なのは、そのときどのように対処するかで、その後の状況が大きく変わってしまうということです。コロナ禍はあまりにも想定外かつ大きな出来事なので、個人ではどうしようもありません。

しかし、ビジネスにおいては、小さなトラブルは必ず起きます。そのときに組織の一員としてどのようにリスクを回避するかは重要です。過度に怖れる必要はありませんが、リスクをリスクとして認識する能力は必要です。

価値観の変化

コロナ禍で人々の暮らしも変わりましたが、ビジネスの方向性も大きく変わりました。大きく変容すると思われるのが、グローバルビジネスへの考え方です。

高度経済成長時代から日本は輸出を中心に拡大を遂げ、近年では海外生産移管による国内空洞化が大きな社会問題となっていました。

新型コロナウイルスの感染拡大を機に、日本の安倍首相（当時）は二〇二〇年三月に「中国などから日本への製品供給の減少によるサプライチェーンへの影響が懸念されるなかで、一国への依存度が高い製品で付加価値が高いものは、わが国への生産拠点の回帰を図る」という注目される発言をしました。

エレクトロニクス業界では「中国生産移管」が揺るぎない大きなトレンドでしたが、首相の口から「国内回帰」という言葉が出たのです。コロナ禍で海外との行き来が困難になって、サプライチェーンという問題が顕在化したのが背景です。

グローバルな視野での販売は必要です。しかし生産の面では、コスト削減目的だけで海外進出を続けることについて見直しが始まっています。

国内回帰が広がる可能性を単に指摘したいのではありません。時代によって価値観は絶えず変化するものだということを、本書の最後に書いておきたいと思います。

column

新型コロナウイルス感染症と日常

新型コロナウイルスの感染拡大最中の2020年9月、ソフトバンクグループが1つの会社を立ち上げました。

得意とする通信関連ではなく、新型コロナウイルス感染症のPCR検査を行う会社で、社名は「新型コロナウイルス検査センター」です。

資本金24億円ですから、それなりに大きな事業規模があります。具体的には、協力先である国立国際医療研究センターの国府台病院（千葉県市川市）内の一部スペースを借り、唾液からウイルスを検査します。

検査料は1回2000円と安く、「（ソフトバンクは）国内ブロードバンド事業などで展開してきた価格破壊を持ち込んだ」という報道もありました。

報道では検査価格の安さがクローズアップされてしまった部分もありましたが、むしろ重要だったのは、そのときの孫正義氏の発言です。

「この会社が1日も早く解散されることを願っている。コロナ禍が収まってくれば、この会社の目的は終わる」。孫氏は会社立ち上げのときの意気込みをこのような言葉で述べました。

会社を立ち上げるときは、誰でも会社を大きくして、10年後も20年後も存続させようと考えるものです。少しでも大きくして、長く会社を残そうと思って当然です。1日でも早く解散させたいという思いで人は起業しません。

この矛盾こそがまさに、新型コロナウイルス感染症によって変わってしまった社会の価値観を示しています。

孫氏はさらに、「（この会社で）利益を上げるつもりはない」とも言っていました。おそらく嘘《うそ》ではないでしょう。

あれだけ利益を追求して、企業買収などにも果敢に取り組んできた孫氏も、今回ばかりは損得抜きで、早期の解散を念頭に新会社を立ち上げたようです。想定外の出来事が起こると、初めて日常のありがたさがわかります。

索引

INDEX

さ行

あ行

か行

た行

ま行

や行

ら行

な行

は行

数字

わ行

アルファベット

エレクトロニクス関連の主な業界団体

電子情報技術産業協会
（通称ＪＥＩＴＡ）
〒100-0004
東京都千代田区大手町１－１－３　大手センタービル
TEL: 03-5218-1050
ＵＲＬ：https://www.jeita.or.jp/japanese/
エレクトロニクス・ＩＴ関連全般

日本電機工業会
（通称ＪＥＭＡ）
〒102-0082
東京都千代田区一番町17-4
ＴＥＬ：03-3556-5881
URL：https://jema-net.or.jp/
重電、家電、原子力など

日本半導体製造装置協会
（通称ＳＥＡＪ）
〒102-0085
東京都千代田区六番町３番地　六番町ＳＫビル6F
TEL: 03-3261-8260
URL: https://www.seaj.or.jp/
半導体・液晶製造装置

日本電子デバイスデバイス産業協会
（通称ＮＥＤＩＡ）
〒101-0025
東京都千代田区神田佐久間町2-13竹内ビル202
TEL:　03-5823-4465
URL: https://www.nedia.or.jp/
電子デバイス

日本半導体商社協会
（通称ＤＡＦＳ）
〒151-0053
東京都渋谷区代々木1-19-12　新代々木ビル4F
TEL: 03-5350-6860
URL: https://www.dafs.or.jp/
半導体商社

日本工作機械工業会
（通称ＪＭＴＢＡ）
〒105-0011
東京都港区芝公園３丁目５番８号機械振興会館１階
TEL: 03-3434-3961
ＵＲＬ：https://www.jmtba.or.jp/
工作機械

ビジネス機械・情報システム産業協会
（通称ＪＢＭＩＡ）
〒108-0073
東京都港区三田3-4-10　リーラヒジリザカ7階
TEL 03-6809-5010
URL：https://www.jbmia.or.jp/
複合機、ＯＡ機器など事務機器

日本遊技関連事業協会
（通称日遊協・ＮＩＣＨＩＹＵＫＹＯ）
〒104-0033
東京都中央区新2-12-15 ヒューリック八丁堀ビル
TEL　03-3553-4333
URL：http://www.nichiyukyo.or.jp/
パチンコ・パチスロなど遊技機器と周辺機器

日本自動車部品工業会
（通称ＪＡＰＩＡ）
〒108-0074
東京都港区高輪1-16-15　自動車部品会館５F
TEL：03-3445-4211
ＵＲＬ：https://www.japia.or.jp/
自動車部品

日本電子回路工業会
（通称ＪＰＣＡ）
〒167-0042
東京都杉並区西荻北3-12-2　回路会館2階
TEL：03-5310-2020
ＵＲＬ：https://jpca.jp/
プリント基板、半導体回路など

■著者紹介

高橋　潤一郎（たかはし　じゅんいちろう）

株式会社クリアリーフ総研代表取締役。電機業界の専門紙記者を経て、2004年に独立、起業する。特に電機業界の中小企業動向などに精通。雑誌などを通じ、幅広く業界分析、企業リサーチ記事を執筆中。クリアリーフ総研のウェブサイトでは、電機・エレクトロニクス業界のニュースや倒産情報、与信管理データなどを配信し、約1万人の有料会員を抱える。著書に『東芝』（出版文化社）、『業界再編地図』（廣済堂出版）がある。

■イラスト協力

まえだ　たつひこ

図解入門業界研究《ずかいにゅうもんぎょうかいけんきゅう》
最新《さいしん》エレクトロニクス業界《ぎょうかい》の
動向《どうこう》とカラクリがよ～くわかる本《ほん》

発行日　2021年　2月　1日　　第1版第1刷

著　者　高橋《たかはし》　潤一郎《じゅんいちろう》

発行者　斉藤　和邦
発行所　株式会社　秀和システム
〒135-0016
東京都江東区東陽2-4-2　新宮ビル2F
Tel 03-6264-3105（販売）Fax 03-6264-3094
印刷所　三松堂印刷株式会社　Printed in Japan

ISBN978-4-7980-6311-9 C0033